Starke Pferde, treue Freunde

Mark Rashid

Starke Pferde, treue Freunde

Mein Leben auf der Pferderanch

KOSMOS

Zum Andenken an Sadie und Patch …
zwei sehr gute Hunde

Inhalt

Geleitwort

Vermutlich hat so ziemlich jeder eine Zeit in seinem Leben, an die er sehr gern zurückdenkt, auch wenn sie nicht mit unglaublichen Erfolgen und Errungenschaften verbunden war. Genau darum geht es in diesem Buch – um eine dieser Perioden in meinem Leben, um eine Zeit, an die ich wirklich gern und mit Liebe zurückdenke.

Das Schreiben war mir ein reines Vergnügen, weil ich einfach die verschiedenen Geschichten niedergeschrieben habe, wobei Wendy, meine Frau, letztendlich den Ausschlag gab, welche ins Buch sollten und welche nicht. Dabei konnten wir uns zurückversetzen in eine Zeit und an einen Ort, wie sie nur noch in unserer Erinnerung existieren. Es waren die Jahre kurz nach unserer Heirat – als die Kinder noch klein, die Hunde jung waren und ich viel bei verschiedenen Rinderfarmen und Pferdebetrieben in und um Estes Park, Colorado, unserem Wohnsitz, aushalf.

Jedes Mal, wenn Wendy und ich uns mit Freunden aus dieser Zeit treffen, werden bestimmte Geschichten immer von neuem erzählt. Meist kommen sie nach dem Abendessen zur Sprache, wenn die

Mahlzeit vertilgt, das Geschirr abgewaschen und alles aufgeräumt ist. Dann scheint es alle in die Küche zu ziehen, und mitten in den jüngsten Neuigkeiten über Arbeit und Familie sagt unweigerlich jemand: »Hey, wisst ihr noch …«. Und schon geht's los.

Wie Sie sehen werden, umfassen diese Geschichten einen weiten Themenkreis: Es geht um das Errichten von Zäunen, um Kinder, Ponys, Kinder und Ponys, Zugpferde, Rinderarbeit und Führungen in den Bergen – um nur einige Themen zu nennen. Aber zu einer guten Geschichte gehört nicht nur das bestimmte Ereignis, sondern oft sind es auch die Leute, die dabei waren, die sie zu einer Geschichte machen, die man immer wieder gern hört.

In diesem Buch werden Sie einige der Leute kennenlernen, die dazu beitrugen, dass diese Ereignisse im Gedächtnis geblieben sind und immer wieder erzählt werden. Sie werden meinen guten Freund Dwight treffen, einen Rancher und einer der Besten beim Team Penning, für den ich auch nach all den Jahren noch die größte Hochachtung empfinde. Sie werden Chef John treffen, der für seine Erkenntnisse betreffs Hundetreue Lehrgeld bezahlen musste, und auch meinen Freund Wil, der aus bestimmten, später offenbar werdenden Gründen nicht unter seinem wirklichen Namen erscheint.

Weiter werden Sie die Tiere kennenlernen, die ebenfalls Leben in die Geschichten brachten – den jungen Falben, meine Zugpferde Diamond und Andy, Sam, das Pony, unsere Hunde Sadie, Patch und Bill und ein paar gute Reitpferde. Tja, was kann, was soll schon noch schiefgehen mit solch einer Versammlung von Typen und Charakteren?

Aber auch wenn die Geschichte noch so gut, das Thema noch so interessant ist, am Ende ist eine Geschichte nur eine Geschichte, wenn es jemanden gibt, dem man sie erzählen kann. Deshalb danke ich Ihnen von ganzem Herzen dafür, dass Sie sich für dieses Buch entschieden haben und es lesen wollen. Ich hoffe, Sie haben beim Lesen so viel Spaß wie ich beim Erzählen.

Ein verdammt gutes Pferd

Im Zweifelsfall vertrau deinem Pferd

Der Regen troff in bräunlichen Strömen von meiner Hutkrempe. Ich stand hinter dem Anhänger und versuchte vergeblich, mich selbst zu überzeugen, dass ich nicht wirklich so derartig müde war. Vielleicht hätte ich mich besser davon überzeugen sollen, dass ich nicht wirklich so derartig nass war.

Es war Rodeo-Woche, und das bedeutete, dass sich meine sowieso schon reichliche Arbeit noch verdoppelt hatte. Damals war ich für den Pferdebestand einer Gäste-Ranch verantwortlich, und dieser Job war allein schon ziemlich tagfüllend. Zusätzlich zu dieser meiner regulären Arbeit hatten wir mit unseren vier belgischen Kaltblütern bei jeder Rodeo-Prüfung anwesend zu sein – einmal am Nachmittag und einmal am Abend, vier Tage am Stück.

Unsere Aufgabe war es, die Barrels, die Tonnen für die Barrel Races, auf unseren großen Wagen zu laden. Wir trabten mit unserem Vierergespann in die Arena, schubsten die Tonnen im Fahren vom Wagen, damit sie im vorgeschriebenen Muster aufgestellt werden konnten, und trabten wieder hinaus. War das Rennen vorbei, kamen wir wieder hereingetrabt, luden die Tonnen auf und verfrachteten sie wieder nach draußen.

Zugegeben: Wenn man das so hört, klingt es nicht nach besonders viel Arbeit. Und die Wahrheit ist: Dieser Teil war auch nicht besonders viel Arbeit. Die Arbeit bestand in dem, was vor dem Hineintraben in die Arena kam: vier Pferde von der Größe eines Kleinlasters zu waschen und zu putzen, zu überprüfen, dass alles Lederzeug sauber und richtig verschnallt war, vor jeder Prüfung nachzusehen, ob der Wagen auch sauber war, und dann die vier Belgier davorzuspannen. Außerdem mussten wir sicher sein, dass die Tonnen (die so angemalt waren, dass sie aussahen wie Coors-Bierfässer) so bereit standen, dass wir sie nur noch aufzuladen brauchten.

Wenn wir unseren Auftritt beendet hatten, mussten die Tonnen zurück an ihren Lagerplatz gebracht werden. Der Wagen musste eingeparkt, die Pferde mussten ausgespannt und geputzt werden. Die Geschirre mussten ordentlich aufgehängt, der Wagen musste nochmals inspiziert werden. Die Pferde wurden eingestallt und erhielten Futter und Wasser. Wenn wir damit fertig waren, war es Zeit für den nächsten Auftritt, an den meisten Tagen nur vier Stunden später.

Während dieser vierstündigen Pause sauste ich die zehn Kilometer zurück zur Ranch, um nachzusehen, ob alles noch so lief, wie ich es am Morgen angeordnet hatte, bügelte aus, was inzwischen schief gelaufen war, drehte wieder um und sauste zurück zur Rodeo-Arena, um rechtzeitig das Gespann zu waschen, die Geschirre zu säubern und … okay, Sie wissen schon.

Ich muss zugeben, dass es für die Zuschauer, hauptsächlich Sommertouristen, die vielleicht noch nie ein Kaltblutgespann gesehen hatten, eine gute Show war. Es war auch eine gute Reklame für die Ranch, und außerdem machte es mir immer viel Spaß, mit meinen »Großen« zu arbeiten.

Dies war unser drittes Jahr »mit den Tonnen«, wie wir es inzwischen nannten, und ich muss zugeben, dass der Glanz seither etwas verblichen war. Das erste Jahr war ein Riesenspaß gewesen, besonders weil es uns eine Extragelegenheit geboten hatte, unser Vierergespann einzusetzen, abgesehen von den gelegentlichen Paraden oder extremen Schneeverhältnissen im Winter, wenn ein Paar Belgier nicht ausreichte, den großen Schlitten durch den tiefen Schnee zu ziehen.

Das zweite Jahr machte immer noch Spaß, war aber mit mehr Schwierigkeiten verbunden, weil es auf der Ranch einige Dinge zu erledigen gab, die unbedingt zur selben Zeit geregelt werden mussten, in der ich mich um die Tonnen kümmern sollte. Ein paar Mal wäre es um ein Haar schief gelaufen, aber zum Glück hatten wir es doch immer im letzten Augenblick noch hingekriegt.

Aber dieses dritte Jahr – das war anders. Die Veranstaltung hatte am Mittwochmorgen mit der jährlichen Rodeo-Parade begonnen. Das Wetter war angenehm, ich musste nicht zu viel schwitzen, und das war gut so. Die erste Vorstellung am Nachmittag verlief ohne Probleme, ebenso die zweite am Abend. Aber die nächste Prüfung – da fing alles an, irgendwie aus dem Ruder zu laufen.

An diesem Donnerstagmorgen waren nur wenige Wolken am Himmel, aber trotzdem war ein Hauch von Feuchtigkeit in der Luft, der mit Sicherheit Regen ankündigte. Und tatsächlich zog es sich während der Nachmittagsveranstaltung, gleich nach dem *Calf Roping*, zu, und diese schweren, dunklen Wolken verkündeten: *Bald wird jemand sehr nass werden.*

Netterweise hatte das Wetter fast die ganze Veranstaltung über gehalten, aber wie es so geht: Gerade als wir durchs Tor in die Arena trabten, um die Tonnen abzuladen, öffnete der Himmel seine Schleusen und es goss, als ob er mit dem Boden ein Hühnchen zu rupfen hätte. Und wir hatten natürlich die Regenumhänge im Stall gelassen und waren nach nur wenigen Metern nass bis auf die Haut.

Normalerweise wäre das keine große Sache gewesen. Schließlich war es nicht das erste Mal, dass wir im Regen arbeiteten. Aber aus irgendeinem Grund war es an diesem Tag anders. Andy, das linke Stangenpferd, schien sich über den plötzlichen Guss zu ärgern und begann unkontrolliert mit dem Kopf zu schütteln und auf der Stelle zu bocken. Er hatte sich an diesem Tag schon beim Anschirren ein bisschen angestellt, aber das war noch gar nichts im Vergleich zu dem Theater, das er jetzt vollführte, als es zu regnen begann.

Ich trieb das Gespann vorwärts, und mit Ausnahme von Andy traten alle ohne Zögern an. Andy versuchte sein Möglichstes, um seinen Platz zu behaupten und weiter zu bocken, aber die anderen Drei zogen ihn mit vereinten Kräften mit und fielen mit viel Knieaktion in einen rhythmischen Trab, während Andy einen langsamen, hölzernen Galopp vorlegte. Der kalte Regen stach uns wie mit Nadeln ins Gesicht, als wir die erste Tonne an der richtigen Stelle fallen ließen und in einem weiten Linksbogen die nächste Stelle ansteuerten.

Andy war ein ganz schönes Kaliber, stattliche 1,75 m Stock und gute 1.100 Kilo schwer, aber sein Partner Diamond war noch größer. Mit einem Stockmaß von 1,84 m und ungefähr 1.300 Kilo war er damals einer der größten Belgier im ganzen Land, und Andys Herumgehopse passte ihm anscheinend gar nicht.

Gerade als ich das Gespann in Position gebracht hatte, um die zweite Tonne abzuladen, ließ Diamond seinen Schädel seitlich an Andys Hals krachen, woraufhin dieser zur Seite sprang, bockte und beinahe mit dem linken Hinterfuß über den Strang geraten wäre.

Mit seinem Sprung zur Seite zog Andy die Deichsel gerade so weit nach links, dass das Wagenende ausscherte und zu schwänzeln begann. Das Publikum (ungefähr 1.500 Leute) war offensichtlich angetan von der Einlage und fing begeistert an zu klatschen. Es muss aber auch ein Anblick für die Götter gewesen sein: Vier Pferdekolosse, die Schlamm und Staub aufwirbelten, wobei sich die beiden hinteren herumprügelten, ein schwänzelnder Wagen und der Fahrer samt seinem Assistenten triefend nass, die Hüte gegen Regen und Wind ins Gesicht gezogen, boten wohl einen nahezu unwiderstehlichen Anblick.

Irgendwie gelang es uns, die zweite Tonne ungefähr da abzuladen, wo sie hingehörte. Wir fuhren einen Bogen, um auch noch die letzte Tonne an ihren Platz nahe der Tribüne zu bringen, und als wir uns an der Tribüne vorbei dem Zielpunkt näherten, wurde der Applaus noch lauter. Das war anscheinend selbst den ansonsten so ungerührten Vorderpferden Woodrow und Gus zu viel. Kurz vor dem Abladepunkt scheute Woody, der rechts und daher am dichtesten an der Tribüne ging, nach links in Gus hinein, sodass beide nach links zogen und die Stangenpferde mitnahmen.

Die schlechte Nachricht war, dass wir die Tonne zwar abluden, aber gute drei Meter neben dem eigentlichen Punkt. Die gute Nachricht: Bis ich alle vier Pferde wieder auf Vordermann gebracht hatte, waren wir im vollen Galopp auf dem direkten Weg zum Ausgang, den wir auch ohne Probleme passierten, begleitet vom Johlen und Pfeifen des Publikums, das das Ganze wohl für eine spektakuläre und geplante Einlage hielt.

Nachdem wir so die Arena zum Kochen gebracht hatten, parierte ich zum Schritt durch, drehte um und hielt an, damit wir zum Einsammeln der Tonnen schon in Positur standen. Die Zügel übergab ich meiner Assistentin Susie Heidi, deren Aufgabe es war, die Überhänge der vier Fahrleinen hinter meinem Sitz auseinander und in Ordnung zu halten, damit sie sich nicht verhedderten – was ihr während unseres Renngalopps auch musterhaft gelungen war. Dann kletterte ich herunter und sah nach, ob Pferde oder Ausrüstung Schaden genommen hatten.

Ein schneller Überblick zeigte, dass alles okay war; außer einem oberflächlichen Kratzer an Andys rechter Hinterfessel schienen alle Pferde körperlich in bester Verfassung zu sein. Ganz typisch hatten auch alle Pferde, mit Ausnahme von Andy, den Kopf fallen lassen und sich entspannt, kaum dass wir angehalten hatten. Nur Andy schüttelte immer noch mit dem Kopf, schlug mit dem Schweif, schnarchte und tanzte auf der Stelle.

Es war eigenartig, denn so hatte ich ihn noch nie erlebt, auch nicht bei schlimmeren Wetterbedingungen als an diesem Tag. Ich ging nach vorn, ergriff den Zügel kurz hinter dem Gebiss und blieb da einfach stehen, teils um ihn an einem eventuellen Durchgehen zu hindern, teils in der Hoffnung, ihn durch meine Gegenwart zu beruhigen. Tatsächlich hörte er nach kurzer Zeit auf herumzutanzen, aber er schnarchte weiter, stampfte mit dem linken Hinterfuß auf und schlug mit dem Schweif.

Wie viele Teilnehmer es für diesen Wettbewerb gab, weiß ich nicht mehr genau, aber nach diversen Runden, als nur noch zwei oder drei Bewerber übrig waren, hatte Andy sich immer noch nicht beruhigt.

Weil ich nicht scharf auf eine Wiederholung unseres letzten Auftritts war, kam ich nun erst auf die Idee, einen kurzen Blick auf sein Geschirr zu werfen, nur um sicher zu gehen, dass alles in Ordnung war. An der Trense fing ich an, überprüfte Kumt und Kumtbügel, Selette, Hintergeschirr und schließlich die Schweifmetze, und da war er, der Übeltäter: Unter der Schweifmetze hatte sich ein nadelscharfes Stückchen von einem gespaltenen Strohhalm gefangen und in die empfindliche Haut unter der Schweifwurzel gebohrt. Jedes Mal, wenn er mit dem Schweif schlug oder sich der Schweifriemen bewegte, zwickte es ihn von neuem irritierend unter dem Schweif. Mir entfuhr ein leiser Fluch, als ich mit der linken Hand langsam seinen Schweif anhob, um besser sehen zu können.

»Das ist der Letzte«, verkündete Susie, als der letzte Teilnehmer am Barrel Race einritt.

»Eine Minute«, sagte ich. Der Regen trommelte immer stärker auf uns herab.

Ich langte hinauf und nahm den vielleicht zwei Zentimeter langen Splitter sehr vorsichtig zwischen Daumen und Zeigefinger der rechten Hand. Andy stampfte auf und machte Anstalten, nach mir auszuschlagen. Sanft ließ ich meine Finger so nah an die Haut wie möglich gleiten. Dann, ohne die Hand zu bewegen, bog ich die Fingerspitzen einwärts Richtung Handfläche – und der Strohsplitter glitt mühelos heraus.

Andy schüttelte heftig den Kopf und stampfte auf. Ein schneller Blick auf das Stückchen Stroh zeigte, dass ein paar Millimeter rosa gefärbt waren, wo es sich in die Haut gebohrt hatte. Dann schwang ich mich hinauf auf den Sitz, ergriff die Leinen und sortierte sie mir für die nächste Runde in die Hand. Währenddessen ließ Andy langsam den Kopf sinken, stellte sich auf alle vier Füße und wartete ruhig auf meine Anweisungen.

Unsere letzte Runde ging, obwohl der Wind weiter aufgefrischt hatte und die Arena ein einziges glitschiges Schlammloch war, glatt und ereignislos über die Bühne. Vermutlich weit weniger lustig für das Publikum, aber dafür weit erholsamer für meine Nerven und besser für die Pferde und die Ausrüstung.

Der Regen und das schlechte Wetter (absolut untypisch für Mitte Juli in unserer kleinen Stadt) ließen in den nächsten Tagen ein wenig nach, aber es wurde nie so warm und trocken, dass das Rodeo Massen von Touristen angelockt hätte. Die nächsten drei Vorstellungen hatten unter erheblichem Publikumsmangel zu leiden.

Bis zum Samstagmorgen waren der Wagen, die Pferde, das Geschirr und wir selbst durchgeweicht. Das Finale sollte am Nachmittag stattfinden, und da sich die Regenwolken schon wieder im Tal sammelten und tief über dem Rodeogelände hingen, sah es nach einem weiteren hübschen Platzregen aus.

Ungefähr um halb elf Uhr beschloss ich, lieber ein Gespann nach Hause zu fahren und nur das andere am Nachmittag einzusetzen, anstatt wieder zwei Gespanne samt dem Geschirr klitschnass werden zu lassen. Es war spät geworden am Abend zuvor, weil wir zwei Anspannungen putzen und einölen mussten, nachdem der Regen sie völlig aufgeweicht hatte, und wir dachten, wenn wir nur ein Gespann einsetzten, würden wir auch nur deren Anspannung putzen und ölen müssen.

Und noch eins weiter gedacht: Wenn wir das kleinere Gespann, Woodrow und Gus, nahmen, würden wir noch weniger Geschirr zu putzen haben, denn deren Geschirr war kleiner als das von Diamond und Andy.

Deshalb also stand ich hinten auf dem Transporter und wartete, während bräunliches Regenwasser von meiner Hutkrempe troff. Mir war schon aufgefallen, dass das Wasser, das von meinem Hut tropfte, Farbe annahm, wenn es – wie jetzt die letzten drei Tage – wirklich heftig regnete. Zum Teil war das vermutlich abgewaschener Staub und Schmutz, der sich bei Trockenheit abgesetzt hatte, zum Teil aber auch Farbe aus dem gefärbten Biberfell, aus dem der Hut bestand.

Ich gähnte ausgiebig, während dieses braune Rinnsal an meiner Nase entlang lief und ich darauf wartete, dass mein guter Freund Dwight Andy aus dem Stall zum Verladen brachte. Dwight ist ein hervorragender Pferdemann und sehr hilfsbereit. Seit Jahren hatten wir uns bei Bedarf gegenseitig ausgeholfen. Es war keine Überraschung, dass Dwight an diesem Tag aufkreuzte, gerade als ich wirklich etwas Hilfe brauchen konnte.

Diamond hatte ich schon eingeladen und vorn in dem zehn Meter langen Transporter angebunden, als Dwight anbot, Andy für mich zu holen. So müde wie ich war, hörten sich ein paar Minuten Warten, selbst im strömenden Regen, besser an als der Fußmarsch zum ca. 50 Meter entfernten Stall. Ich war also nur zu froh, Dwights Angebot anzunehmen.

Ein paar Minuten später kamen Dwight und Andy aus dem Stall und platschten durch den Matsch zu mir herüber.

»Ich nehm' ihn«, sagte ich zu Dwight, als sie ankamen. Dwight drückte mir Andys Führstrick in die Hand, und wir wechselten die Plätze, damit er uns die Tür aufhalten konnte, die der Westwind immer wieder zuzuschlagen versuchte.

Die Ranch hatte den Viehtransporter vor kurzem gekauft, aber noch keine Gummimatten für den Boden besorgen können. Der nackte Holzboden war nass und rutschig nach drei Tagen Dauerregen. In Kombination mit der Tatsache, dass unsere Kaltblüter Hufeisen mit Stollen trugen (die Stollen geben besseren Halt auf weichem Untergrund wie Erde oder Kies, verringern aber auf glatten, harten Flächen auch den Kontakt der Hufsohle zum Boden), sollte sich das Fehlen der Gummimatten als Rezept für Unheil herausstellen.

Ich führte Andy hinein und war schon halb drinnen, als ich über dem Trommeln des Regens auf dem Dach des Transporters unmissverständlich hörte, wie Andy hinter mir ausrutschte. Das Letzte, an das ich mich erinnere, war, dass ich mich umdrehte und sah, wie Andys Beine nach allen vier Himmelsrichtungen auseinanderglitten und wie er sich, im Bemühen um sein Gleichgewicht, nach vorn warf.

Als Nächstes erinnere ich mich, dass ich im Beifahrersitz saß und Dwight uns zur Ranch zurück chauffierte. Die Scheibenwischer machten schwache Versuche, den unerbittlich strömenden Regen von der Windschutzscheibe zu entfernen. Mein Hut lag, verbeult und zerknittert, in meinem Schoß.

»Was ist passiert?«, fragte ich. Die Kinnbewegung verursachte einen dumpfen Schmerz in meiner linken Gesichtshälfte.

»Hab' ich dir doch schon erzählt«, sagte er.

»Oh.« Der Schmerz in der linken Schläfe ließ mich zusammenzucken. Ich sah aus dem Seitenfenster auf die regennasse Landschaft.

»Alles okay?«, fragte Dwight nach ein, zwei Kilometern.

»Jaaa, glaub' schon.« Instinktiv wanderte meine Hand zu dem Schmerz in meiner linken Gesichtshälfte.

»Weißt du, wo du bist?«, fragte er und warf mir einen kurzen Blick zu.

»Sieht so aus«, ich machte eine Pause, um mich zu vergewissern, »als würden wir zur Ranch fahren.«

»Na also. Gut, dass es nur dein Kopf war.« Dwight gluckste leise. »Irgendwo anders wäre es vielleicht wirklich was Ernstes gewesen.«

Ich lachte, ohne so recht zu wissen, weshalb.

»Was ist passiert?«, fragte ich noch einmal.

Später stellte sich heraus, das Dwight mir mindestens fünf Mal erzählt hatte, was passiert war, aber dies war das erste Mal, an das ich mich erinnerte.

»Dieses Ross, dieser Andy ist auf dem Holzboden ausgerutscht und genau auf dich gefallen«, sagte er. »Hat dich an die Wand gequetscht. Ich hab' gemeint, du bist tot, weil du umgefallen bist wie ein Stück Holz und genau unter ihm gelandet bist, während er da drin herumgezappelt ist. Wieso er dich nicht getreten hat, während du da unten gelegen hast, werde ich nie begreifen. Eine Weile stand es Spitz auf Knopf. Als er endlich aufgehört hat herumzutrampeln, hab' ich mich hereingeschlängelt und dich an den Füßen unter ihm vorgezogen.«

»Ich hab' unter ihm gelegen?«, fragte ich leicht überrascht.

»Und ob«, sagte er. »Und er hat sich nicht ein Jota bewegt, als ich dich herausgezogen habe.«

Wir fuhren jetzt den Berg hoch und näherten uns allmählich der Ranch. Für die nächsten paar Kilometer war es ziemlich still im Fahrerhaus.

»Dieses Ross, der Andy …«, sagte Dwight schließlich, während er einen Gang zurückschaltete, »das ist ein verdammt gutes Pferd.«

»Ja«, nickte ich und verfolgte mit den Augen einen Wassertropfen, der am Seitenfenster hinunterlief. »Das ist er.«

Im Verlauf der Jahre habe ich immer wieder daran gedacht und mich gefragt, ob Andy tat, was er getan hat, um mir an diesem Tag zu helfen, weil ich ihm geholfen hatte, als er ein paar Tage zuvor Hilfe gebraucht hatte. Vermutlich werde ich es nie wirklich wissen.

Eines aber weiß ich sicher: dass nach dieser einen speziellen Rodeowoche vor so vielen Jahren das Verhältnis zwischen Andy und mir nie wieder dasselbe war. Bis heute muss ich immer grinsen, wenn ich an dieses Riesenross denke – und die Anstrengung, die es ihn gekostet haben muss, mich nicht zu verletzen, während ich hilflos auf dem regennassen Boden lag.

Zwei gute Hunde

Geduld ist alles

Wir haben gute Hunde. Nun weiß ich natürlich, dass so ziemlich jeder Hundebesitzer seine Hunde ebenfalls gut findet. Und vermutlich sind seine Hunde auch wirklich nett. Aber ich muss Ihnen sagen: Wir haben *wirklich* gute Hunde.

Vor ein paar Jahren nahm ich einmal unsere Hunde mit auf die Weide. Es war Mitte Februar und Zeit, die Pferde zusammenzuholen, damit wir uns um die Hufe kümmern und sie entwurmen konnten. Damals hatten wir drei Hunde: Sadie, eine Mischung aus schwarzem Labrador und Springer Spaniel, Patch, eine Border-Collie-Hündin, und Bill, ein Mix aus Border Collie und Australian Shephard.

Bei dieser speziellen Gelegenheit blieb Sadie zuhause. Nicht, weil ich sie nicht gemocht hätte oder nicht dabei haben wollte, absolut nicht. Es war nur so, dass die beiden anderen Hunde wussten, wie man mit einer Herde umgeht.

Und Sadie – nun, Sadie mit ihrem beträchtlichen Mangel an Hüteinstinkt und in dem aufrichtigen Wunsch, alles nur Mögliche zu einem Viehtrieb beizutragen, verbrachte unabsichtlich den Hauptteil ihrer Zeit und Energie damit, die Tiere, die wir gerade zusammengetrieben hatten, wieder auseinanderzujagen. Dann machten sich die Hütehunde natürlich daran, sie wieder zusammenzuholen, und Sadie scheuchte sie wieder auseinander.

Sie können sich vorstellen, dass sich das Ganze ziemlich hinziehen konnte, und da ich wirklich keine Lust hatte, diesen Job an diesem Tag mehr als einmal zu machen, ließ ich Sadie lieber zuhause.

Damals hatten wir etwas über siebzig Pferde auf drei verschiedenen Weiden, die zusammen etwa 280 Hektar groß waren. Wir waren auf dem Weg zu der kleinsten davon, ungefähr 32 Hektar groß. Sie war in etwa rechteckig, wobei die langen Seiten im Norden bzw. im Süden lagen. Das Tor war am Ostende der Weide, und die Südseite entlang lief ein Lehmweg zum Westende mit einem ca. 25 Meter langen Pferch.

Wenn ich sonst zum Einfangen gekommen war, hatte ich die Pferde meist ungefähr in der Mitte der Weide angetroffen. Gewöhnlich fuhr ich zum Westende und parkte den Pickup in der Nähe des Pferchs. Dann ging ich zu den Pferden hinein und griff mir eines davon, meist meinen Wallach Buck, führte ihn zurück zum Pickup, sattelte ihn und holte mit seiner Hilfe den Rest der Herde zusammen. Da sich die Pferde schon auf dem halben Weg zur Koppel befanden, war dieser Teil immer schön einfach.

Hatte ich die Hunde dabei, trugen sie das ihre dazu bei, indem sie die Herde zusammenhielten und langsam in Richtung Pferch trieben. Man sah ihnen an, dass sie sich ungeheuer wichtig fühlten, und sie nahmen ihre Aufgabe sehr ernst.

Zu der Zeit, von der ich rede, hatten die Pferde fünf oder sechs Jahre hintereinander auf dieser speziellen Weide überwintert und kannten daher schon den Ablauf. Sie sammelten sich wie gewünscht und bewegten sich nach Westen in Richtung Pferch. Auf der Westseite war ein schmaler Durchgang, etwas über einen Meter breit, den die Pferde passieren mussten, um in den Pferch zu gelangen.

Normalerweise ging alles glatt. Probleme gab es höchstens, wenn sie vor dem Durchgang warten mussten, bis sie an der Reihe waren. Dann war die Gefahr, dass sie sich wieder zerstreuten, am größten, besonders wenn neue Pferde in der Herde waren.

Das Frühjahr kann am Front Range von Colorado sehr wechselhaft sein, sowohl warm und sonnig wie auch eisig mit Schneefall. An diesem Tag war es irgendwo in der Mitte, sonnig, aber nicht zu warm und kein Wind – der perfekte Tag für das, was ich vorhatte.

Als ich an diesem Morgen durchs Tor fuhr, bestand das einzige Problem, das ich sehen konnte, darin, dass die Herde in der nordöstlichen Ecke der Weide graste. Normalerweise wäre ich einfach ausgestiegen, hätte ein Pferd aufgehalftert und hätte es, mit dem Führstrick durchs Fenster, neben dem Pickup her zum Westende mitlaufen lassen. Unglücklicherweise war der Weg aber schmal mit tiefen Fahrspuren und flankiert von riesigen Pappeln, die nur Zentimeter vom Weg entfernt standen. Ein Pferd neben oder auch nur hinter dem Pickup herzuführen wäre nicht nur dumm, sondern schlicht und einfach gefährlich gewesen.

Das bedeutete, dass ich den ganzen Weg hinunter zum westlichen Ende fahren und den Pickup, in dem die Wurmmittel lagen, dort parken musste, wo die Pferde schließlich hinkommen würden. Dann müsste ich den ganzen Weg zu Fuß zurückgehen, ein Pferd einfangen, zum Westzaun zurückgehen oder -reiten, das Pferd satteln, nach Osten zurückreiten und mit dem Zusammentreiben anfangen. Bis ich das Westende erreicht und den Pickup geparkt hatte, hatte ich bereits beschlossen, dass mir das zu viel Arbeit war.

Es war vielleicht das vierte oder fünfte Mal, dass die Hunde dabei waren, und als ich die Heckklappe herunterließ, konnte man ihnen deutlich ansehen, dass sie genau wussten, warum sie hier waren. Also, warum zum Kuckuck es sie nicht allein versuchen lassen, die Herde zu treiben! Sie arbeiteten sehr gut, obwohl sie damals noch recht jung waren und noch keine Herde ganz ohne Anweisung von mir getrieben hatten.

Beide Hunde saßen mit gespitzten Ohren im Pickup und starrten mich gebannt an.

»Okay«, sagte ich.

Im Bruchteil einer Sekunde waren sie beide draußen und rannten in engen Kreisen um meine Beine. Als ich in Richtung Herde losging, schlossen sie sich sofort an, Bill rechts, Patch links hinter mir.

Von da, wo wir waren, konnten wir die Herde am nordöstlichen Ende nicht sehen, weil die Weide in der Mitte ca. drei Meter anstieg und dann wieder abfiel. Die Erhöhung war kaum merklich, aber sie versperrte uns total die Sicht auf die Herde.

Ich schaute allgemein in Richtung Herde und nickte.

»Bringt sie her zu mir«, sagte ich.

Das übliche Kommando für einen Hütehund, mit dem Zusammentreiben zu beginnen, lautet: *Away to me*, also: Weg zu mir. Aber bei einer der ersten Gelegenheiten, bei denen Patch und ich vor Jahren Vieh getrieben hatten – nur ein paar Tiere in einer kleinen Koppel –, hatte ich »*Bring them to me*« – »Bring sie her zu mir« gesagt, nachdem sie instinktiv die Stiere zusammengetrieben und in die richtige Richtung – zu einem Tor, neben dem ich stand – getrieben hatte. Das Kommando blieb irgendwie hängen, und schließlich benutzte ich es jedes Mal, wenn ich wollte, dass einer der Hunde ein Tier oder eine Herde in meine Richtung treiben sollte.

Kaum hörten sie mein Kommando, flitzten beide Hunde wie aus der Pistole geschossen in die Richtung, in die ich schaute. Aber schon nach ungefähr zwanzig Metern stoppten sie und sahen sich nach mir um, als wollten sie sagen: Bist du sicher? Da draußen ist absolut nichts zu sehen.

Ich starrte weiter in nordöstliche Richtung und wiederholte das Kommando: »Bringt sie her zu mir.«

Einträchtig machten beide Hunde kehrt und rannten in einem weiten Bogen nach Südosten. Für jemanden, der sich mit Hütehunden nicht auskennt, mag es etwas nervig sein, wenn die Hunde in die der Herde entgegengesetzte Richtung laufen. Tatsächlich ist es aber genau das, was sie tun sollen, und ich war froh, dass sie es aus eigenem Antrieb richtig machten.

Sehen Sie, wenn Hunde schnurstracks auf eine Herde zulaufen (wie es Sadie mit Sicherheit getan hätte), treiben sie die Tiere nur auseinander. Wenn die Hunde aber einen weiten Bogen beschreiben und hinter der Herde auftauchen, können sie diese ganz leicht in die gewünschte Richtung lenken. Selbst wenn die Tiere auseinanderlaufen, was wenig wahrscheinlich ist, wenn die Hunde gut arbeiten, laufen sie doch wenigstens in die Richtung, in der wir sie haben wollen.

Innerhalb von Sekunden waren beide Hunde in vollem Lauf hinter der leichten Erhebung in der Mitte der Weide verschwunden.

Okay, dachte ich. Sie brauchen vermutlich ungefähr fünf Minuten bis zum anderen Ende der Weide und um die Herde zusammenzutreiben. Wahrscheinlich nochmal fünf, um sie in Bewegung zu bringen, und nochmal fünf, bis sie über den Hügel in Sicht kommen. Wenn also in ca. fünfzehn Minuten noch nichts zu sehen ist, gehe ich besser nachsehen.

Ich sah auf die Uhr. Ja, fünfzehn Minuten sollten ungefähr reichen. Schließlich hatten sie es nur mit zweiundzwanzig Pferden zu tun, das sollten sie eigentlich problemlos schaffen.

Ich ging zurück zum Wagen, holte die Wurmmittel heraus und platzierte sie auf der Heckklappe. Dabei wurde mir klar, dass ich mich wohl so hinstellen sollte, dass die Hunde mich sehen konnten, falls sie zurückkamen und Anweisung brauchten.

Ich sah auf die Uhr. Sie waren seit zwei Minuten weg.

Ich ging ungefähr zweihundert Meter nach Nordosten und hielt Ausschau, ob sich etwas bewegte. Ich sah wieder auf die Uhr. Vier Minuten waren vergangen. Ich trödelte zehn Meter weiter nach Norden, Augen auf den Horizont gerichtet, kehrte dann um und ging zurück nach Süden. Fünf Minuten waren vergangen. Eigentlich schätze ich mich selbst als ziemlich geduldig, daher war ich etwas überrascht, dass ich den Gedanken nicht loswurde, es sei doch allmählich an der Zeit, dass von den Hunden etwas zu sehen sei – obwohl ich mir doch gerade ausgerechnet hatte, dass vor fünfzehn Minuten nicht mit ihnen zu rechnen sein würde.

Hmm. Fünf Minuten, dachte ich. Ich sah zum Horizont – immer noch nichts zu sehen.

Na schön, fünf Minuten waren wirklich nicht viel, und außerdem war die Herde ein bisschen weit auseinandergezogen. Ich kehrte um und ging wieder nordwärts. Sicher war alles in Ordnung.

Weitere Minuten vergingen, und langsam wurde mir etwas mulmig zumute. Es war das erste Mal, dass die beiden Hunde selbstständig mit einer Herde arbeiteten, und sie waren schließlich noch ziemlich jung. Ich ging zurück Richtung Süden. Sieben Minuten waren vergangen.

Sieben Minuten. Verflixt, in sieben Minuten konnte alles passieren! Mann, was, wenn sie ein Karnickel aufgescheucht hatten? Sie konnten schon eine Meile weit weg sein und irgend so ein verdammtes Karnickel jagen. Oder eine Ente – Enten gibt es haufenweise in dem Graben neben dem Weg. Sadie geriet einmal in Schwierigkeiten, als sie eine Ente jagen wollte und im dünnen Eis einbrach. Ich musste sie mit dem Lasso herausholen. Verflixt, hoffentlich waren sie nicht auf der Karnickeljagd – oder gar auf Entenjagd.

Ich hatte schon wieder kehrtgemacht und ging nach Norden. Achteinhalb Minuten. Ich blieb stehen und fixierte wieder den Horizont. Immer noch nichts zu sehen, weder Hunde noch Pferde.

Ich wettete, sie hatten ein Karnickel gefunden. Vielleicht waren sie einfach abgehauen. Auch das könnte passiert sein.

Schließlich stellte ich resigniert fest, dass zwei junge Hunde allein wegzuschicken wahrscheinlich nicht unbedingt das Gescheiteste war, was ich in meinem Leben getan hatte. Ich machte mich besser auf die Socken und sah mich nach ihnen um. Mit einem Anflug von Eile setzte ich mich in die Richtung in Bewegung, in die die Hunde vor zehn Minuten gerannt waren. Ich hätte mich ohrfeigen können, dass ich ihnen zugetraut hatte, den Job, den ich ihnen aufgetragen hatte, auch zu bewältigen.

Es war mir nicht entgangen, dass die Arbeit des Tages noch längst nicht erledigt war, auch wenn wir die Herde schließlich zusammengetrieben hätten – was ich, wie ich jetzt dachte, am besten sowieso gleich selbst gemacht hätte. Und dann, zusätzlich zu der ganzen Arbeit, konnte ich auch noch losgehen und meine Hunde suchen – was ich nicht zu tun brauchte, wäre ich nicht anfangs so faul gewesen.

Ich war immer noch in eine Art Selbstgespräch vertieft und näherte mich der Mitte der Weide, als ich aufblickte und (sehr zu meiner Überraschung) erst ein Pferd, dann noch eines auf mich zukommen sah. Ich blieb stehen und beobachtete sie. Noch ein Pferd tauchte auf, noch eines, dann drei weitere, dahinter sechs andere. Hinter ihnen kam der Rest der Herde mit Patch und Bill, die sie vor sich hertrieben.

Patch ist ein typischer Border Collie, fast ganz weiß, nur mit der charakteristischen schwarzen Maske, einem kleinen schwarzen Fleck auf der linken Seite und einem weiteren kleinen Fleck am Schwanzansatz. Bill dagegen ist ganz schwarz mit dem üblichen weißen Mantel um die Schultern und weißen Strümpfen.

Sie waren leicht zu unterscheiden, als ich ihnen bei der Arbeit zusah. Patch arbeitete sich von der rechten Flanke der Herde in deren Rücken auf die linke Flanke vor, und Bill machte es genau umgekehrt. Ab und zu duckte sich einer der beiden drohend, wenn ein Pferd Anstalten machte, aus der Reihe zu tanzen oder gar auszubrechen, und so hielten sie die Herde in fließender Bewegung Richtung westliches Ende der Weide.

Ein schneller Blick auf die Uhr: Dreizehn Minuten waren vergangen, seit ich die beiden Hunde auf ihre Jungfernmission geschickt hatte. Zwei Minuten weniger, als ursprünglich geschätzt.

Still und irgendwie kleinlaut beobachtete ich, wie die Hunde die Herde an mir vorbeitrieben. Beide warfen mir schnelle Blicke zu – ja, sie hatten mich gesehen –, aber beide waren viel zu beschäftigt für überflüssiges Geplauder und hielten die Herde auf ihr Ziel zu in Bewegung.

Zurück nahm ich eine kleine Abkürzung und erreichte den Pferch gerade, als die Hunde die Herde am westlichen Weidezaun aufreihten. Das Tor war bereits offen, und ich stellte mich etwa zwanzig Meter nördlich vom Pferch und dreißig Meter vom Zaun auf, sodass ich die Herde zwischen mir und dem Zaun hatte.

Ich zeigte auf das Tor.

»Bringt sie rein«, sagte ich.

Während Bill die Herde in Schach hielt, ging Patch ruhig dazwischen, sortierte zwei Pferde aus und eskortierte sie durch das Tor. Sie blieb stehen und sah mich an. Ich blickte zur Herde, und sofort ging sie zurück, holte drei weitere Pferde heraus und begleitete sie wieder durchs Tor.

Inzwischen waren nur noch die Oldies übrig – die Pferde, die seit Jahren den Winter auf dieser Weide verbrachten und genau wussten, was vorging. Sie reihten sich hintereinander auf und marschierten im Gänsemarsch durchs Tor. Da rief ich die beiden Hunde ab, und sofort verließen sie die Herde und setzten sich hinter mich. Als alle Pferde im Pferch waren, ging ich hinüber, die Hunde dicht hinter mir, und schloss das Tor.

Dies war dann die erste Gelegenheit, den Hunden zu zeigen, wie sehr ich ihre Leistung zu würdigen wusste, und vielleicht auch zuzugeben, wie dumm ich mich fühlte, weil ich an ihnen gezweifelt hatte.

Die restliche Arbeit dieses Tages bewältigten wir leicht und problemlos, die Hunde und ich. Auf meiner Seite klappte das Entwurmen und Hufeausschneiden wie geschmiert und war am frühen Nachmittag beendet. Für die Hunde bestand der Rest des Tages darin, im Schatten des Pickups zu liegen, frisches Wasser aus dem Graben zu schlappen und gelegentlich nach einem Pferd zu schnappen, das seine Nase zu weit nach dem Gras außerhalb des Pferchs streckte.

Yessir, es war ein ausgesprochen guter Tag.

So ungern ich es sage: Heute sind beide Hunde ein bisschen älter und ein bisschen arthritisch und beträchtlich langsamer geworden. Aber es gibt Zeiten, da hängen wir zusammen herum und mir fällt der Tag ein, an dem ich etwas über die Hingabe eines guten Hütehundes an seine Arbeit gelernt habe – und über die Geduld eines Menschen.

Der Ritt auf dem Pony

Ein gutes Pferd hat keine Farbe

Im Winter fragte mich der Besitzer der Gäste-Ranch, auf der ich damals als Vorarbeiter tätig war, bei einer Besprechung hinsichtlich des kommenden Sommerprogramms, ob wir noch irgendetwas bräuchten. Ich sagte: »Ja – ein Pony.«

Damals hatten wir hauptsächlich ganze Familien als Gäste und dementsprechend Pferde für ziemlich jedes Alter, jede Körpergröße und jedes reiterliche Können anzubieten – außer einem Pony für ganz kleine Kinder, solche, die zu jung oder zu klein waren, um mit auszureiten, aber doch schon groß genug, um auf einem richtigen Pferd sitzen zu wollen.

»Ein Pony?«, fragte der Besitzer. »Wozu brauchen wir ein Pony, wir haben doch Chief?«

Chief war ein sechsunddreißig Jahre altes Paint Horse, das schon zur Ranch gehört hatte, bevor der derzeitige Besitzer sie kaufte. Er war ein sanftes und freundliches Pferd, mit einigen wenigen verbliebenen Zähnen, verbeulten Knien und vielen grauen Haaren um Maul und

Augen. Auf Ausritte konnten wir ihn nicht mehr mitnehmen, dazu war er körperlich einfach nicht mehr in der Lage. Aber für leichte Arbeit war er immer noch fit genug, und deshalb diente er als »Pony« für die Kleinen.

Die Aufgabe schien Chief wirklich Spaß zu machen, und er war immer ganz besonders vorsichtig, wenn er so ein kleines Kind herumtrug. Er war absolut zuverlässig, aber das war nicht der Punkt – das Problem bestand darin, dass Chief immer noch ein relativ großes Pferd – etwas über 1,5 m Stock – und damit für einige der kleineren Kinder einfach einschüchternd war.

Immer wieder kam es vor, dass kleinere Kinder ihren Aufenthalt auf der Ranch beendeten, ohne jemals auf einem Pferd gesessen, geschweige denn eines geritten zu haben (auch wenn das »Reiten« nur darin bestand, auf dem Pferd auf dem Platz herumgeführt zu werden).

Deshalb fand ich, wir brauchten ein richtiges lebendes Pony, klein genug, dass kein Kind Angst haben würde, sich darauf zu setzen, gutmütig genug, um das Gebrüll, das Streicheln und Pieksen zu ertragen, das nun einmal zum Umgang kleiner Kinder mit einem Pony gehörte, und brav genug, um weder zu beißen, zu schlagen, durchzugehen oder sonst etwas anzustellen, was nicht unbedingt unter die Rubrik »braves Pony« fiel.

»Was würde denn so ein Pony kosten?«, fragte der Boss.

»Schwer zu sagen.« Ich zuckte mit den Schultern. »Mit etwas Glück vielleicht zwischen hundert und zweihundert Dollar.«

Ein paar Sekunden schaute er in die Luft und überlegte, dann nickte er langsam.

»Wenn Sie eines für unter zweihundert finden, nehmen Sie es«, sagte er. »Aber kein Mistvieh – klar?«

»Ich kaufe nichts, was nicht genau unseren Vorstellungen entspricht«, versicherte ich.

Ein paar Wochen später traf ich unseren Tierarzt und sagte ihm, dass wir uns nach einem Pony umsähen. Ich bat ihn, bei seinen Besuchen rundum daran zu denken und uns Bescheid zu geben, wenn er glaubte, etwas Passendes gesehen zu haben. Das Gleiche sagte ich zu Rick, unserem Schmied, als er bei unseren Pferden die Hufe ausschnitt.

Rick erklärte, er wisse von einem Pony, das zu verkaufen sei und vermutlich genau das Richtige für uns wäre. Er kramte in der Fahrerkabine seines Pickups herum und fand schließlich die Telefonnummer des älteren Ehepaars, dem das Pony gehörte.

»Ist noch ziemlich jung«, sagte Rick und meinte das Pony. »Erst drei oder vier. Aber wirklich anständig und einfach im Umgang. Wenn er an einen guten Platz kommt, verlangen sie wahrscheinlich nicht die Welt dafür.«

Es waren noch vier Monate bis zum Anfang der Sommersaison. Eigentlich wollte ich so früh noch gar kein Pony kaufen, aber ich dachte, wenn Rick so angetan war von diesem Pony, sollte ich es mir zumindest einmal anschauen.

Eine ältere Frau nahm den Hörer ab, als ich anrief. Ich erklärte, dass Rick mir ihre Nummer gegeben habe und ich mich für das Pony interessierte, das sie verkaufen wollten.

»Da sprechen Sie wohl besser mit meinem Mann«, sagte die freundliche Stimme. »Er weiß über diese Dinge mehr als ich.«

Einen Augenblick später hatte ich Harold am Telefon. Ich stellte ihm ein paar Fragen – wie alt das Pony war, wie lang sie es schon hatten, was sie mit ihm gemacht hatten, ob es irgendwelche Untugenden hatte und schlussendlich, wie viel sie dafür verlangten.

Harold sagte, sie hätten das Pony mit etwas über einem Jahr für ihren Enkelsohn gekauft, der damals drei Jahre alt war. In den drei Jahren seither hatten sie das Kind ein, zwei Mal die Woche auf das Pony gesetzt, meist an den Wochenenden, wenn ihr Sohn und seine Frau zu Besuch kamen, und es im Hinterhof herumgeführt.

Es sei eigentlich ein Miniaturpferd (kein Pony), das etwas zu groß geworden sei, um als Minipferd turniermäßig gezeigt zu werden. Aber jetzt sei der Enkel nicht nur sechs und allmählich zu groß für das Pony, sein Sohn sei außerdem nach Maryland versetzt worden, und sie sähen das Enkelkind nur noch ein oder zwei Mal im Jahr.

»Er ist einfach ein zu nettes Pferd, um nur so herumzustehen«, sagte Harold. »Deshalb suchen wir jetzt einen guten Platz für ihn.«

»Ich würde gern mal vorbeikommen und mir Ihr Pony ansehen«, sagte ich.

»Na ja«, krächzte Harolds Stimme in der Leitung. »Wenn Rick Ihnen unsere Nummer gegeben hat, denkt er wohl, dass er es bei Ihnen gut haben würde. Kommen Sie also gern mal vorbei, wenn Sie wollen.«

Er erklärte mir, wie ich fahren musste, und drei Tage später, an einem Samstagmorgen, machte ich mich auf den Weg. Damals transportierten wir Pferde eigentlich nur jeweils zu zehnt oder so, wenn wir sie im Winter auf die Weide brachten und im Frühjahr wieder abholten, weshalb wir auch gar keinen kleinen Transporter oder Anhänger hatten. Unser einziges Transportmittel war ein über dreißig Meter langer Viehanhänger, den wir an einen Eintonner-Ford-Pickup anhängten. Nach dem, was Harold mir über das Pony erzählt hatte, war es nur zu wahrscheinlich, dass ich es mit nach Hause nehmen würde. Also kuppelte ich an diesem Samstagmorgen gleich den langen Anhänger an, als ich mich aufmachte, um mir das Pony anzusehen.

Harold war ein Farmer im Ruhestand und lebte in der Nähe von Fort Collins. Es war nicht weiter schwer, ihn am Rande der Stadt zu finden, die sein gepflegtes altes Häuschen allmählich einzuschließen begann. Ich fuhr das Gespann in den Hof und parkte so, dass ich ohne Schwierigkeiten wieder hinausfahren konnte. Als ich aus der Kabine kletterte, begrüßten mich Harold und Betty, seine Frau, schon im Hof.

Wir stellten uns vor und schüttelten uns die Hand. Betty bot mir Kaffee an, was ich höflich ablehnte. Ich habe mir noch nie etwas aus dem Zeug gemacht.

»Na denn«, sagte Harold. »Gehen wir hinein und schauen ihn uns an.«

»Hört sich gut an«, stimmte ich zu.

»Äh«, sagte Harold, als wir an dem riesigen Transporter vorbeigingen. »Sie wissen schon, dass ein Minipferd ziemlich klein ist.«

»Yessir«, antwortete ich respektvoll. »Ich weiß.«

»Und wir haben nur dieses eine zu verkaufen.«

»Yessir.«

Wie die meisten Menschen, die ihr Leben lang um ihr Auskommen auf einem Stückchen Land in den High Plains kämpfen mussten, kam ihnen Verschwendung in jeglicher Form nicht richtig vor. Ein kleines Pferdchen in einem Gespann zu transportieren, das für zehn oder zwölf Großpferde zugelassen war, war in Harolds Augen, da war ich mir sicher, der Gipfel der Verschwendung, und es gefiel ihm gar nicht.

Ich erklärte, dass dieser Transporter, obwohl viel zu groß für ein einzelnes Minipferd, nun mal der einzige sei, den wir hatten. Ich sagte, dass ich versucht hatte, einen kleineren auszuleihen, aber so kurzfristig keinen hatte auftreiben können. Meine Erklärungen machten es ihm, glaube ich, ein wenig leichter. Zwar war ihm Verschwendung irgendwelcher Art von Grund auf zuwider, gleichzeitig hatte er aber auch Verständnis dafür, dass man mit dem auskommen musste, was man hatte.

Wir gingen einen kleinen Pfad hinunter, weg vom Haus, um eine kleine Hütte herum, und da, gleich hinter der Hütte, stand in einem kleinen Paddock das Pony und kaute auf einem Büschel duftendem Heu herum. Es war ein struppiges kleines Ding, keine neunzig Zentimeter Stock hoch, ein Dunkelfuchs mit einer Mähne und einem Schweif, die vielleicht einmal »blond« werden würden. Über den Augen stand steil die Stirnlocke ab, und in dem dicken Winterfell sah er hundert Pfund schwerer aus, als er wirklich war. Nicht gerade das hübscheste Pony, das ich je gesehen hatte.

Harold, Betty und ich sprachen noch weiter über das kleine Pferd, das sie Sam genannt hatten und das, seit sie es gekauft hatten, immer nur brav und lieb gewesen sei. Sam hatte keine Untugenden oder schlechten Angewohnheiten, ließ sich problemlos die Hufe ausschneiden, satteln, führen, einfangen und anbinden und kam vor allem gut mit kleinen Kindern aus. Harold holte einen winzigen Sattel mit Decke aus der Hütte und sattelte Sam, ohne ihn auch nur aufzuhalftern.

Dann legten wir ihm ein Halfter an und führten ihn herum, was er willig mit sich geschehen ließ. Ich nahm nacheinander seine vier Füße auf, und auch das ließ er ohne Probleme zu.

»Also«, sagte Harold, »Sie müssen wissen, dass er unseren Enkel jede Menge herumgetragen hat, aber immer von jemandem geführt. Und dabei hat er sich immer tadellos benommen. Aber er ist nie frei geritten worden, man kann ihn also wohl nicht in Ihrem Sinne als »eingeritten« bezeichnen. Ich weiß nicht, wie er reagieren würde, wenn jemand versuchen würde, ihn richtig zu reiten.«

»Na«, sagte ich, »das dürfte kein Problem sein. Wir brauchen ihn sowieso nur als Führpony. Ich glaube kaum, dass irgendjemand sich mal einfach draufsetzt und ihn zu reiten versucht.«

»Dann ist wohl alles in Butter«, nickte Harold.

Also fragte ich nach dem Preis, und Harold sagte, 225 Dollar inklusive Sattel, Decke und Halfter. Es war nicht schwer, ihn auf 200 Dollar herunterzuhandeln, den Preis, den wir wohl beide mehr oder weniger erwartet hatten. Wir wurden uns einig, gaben uns die Hand und dann lud ich den Kleinen in den riesigen Anhänger und fuhr mit ihm zurück zur Ranch.

Bevor ich abfuhr, rief ich zuhause an und informierte meine Frau, dass ich Sam mitbrachte. Als ich auf der Ranch ankam, warteten vor dem Stall schon Wendy und unsere drei Kinder – Lindsay, damals neun Jahre alt; Tyler, damals sechs, und Aaron, fünf Jahre alt. Kaum hatte ich das schmuddelige kleine Pony ausgeladen, als sie es auch schon umringten, es minutenlang herzten und streichelten und, in Lindsays Fall, auf die Nase küssten.

Nach ein paar Minuten unterbrach ich die überströmende Willkommensparty und sagte den Kindern, Sam müsse sich jetzt in seinem Übergangsheim, dem kleinen Pferch hinterm Stall, häuslich einrichten (wobei die Umzäunung mit ihren fünf horizontalen Balkenreihen für ein Pony von nicht einmal einem Meter Widerristhöhe wieder reichlich übertrieben wirkte, aber im Augenblick hatten wir nichts anderes).

Wendy und Lindsay gingen lieber wieder ins Haus, die beiden Jungen blieben bei mir. Tyler führte Sam durchs Tor und in den Pferch, Aaron schloss das Tor hinter ihnen und legte den Riegel vor. Ich füllte ein paar Eimer mit Wasser, hängte sie so weit unten an den Zaun, dass Sam sie erreichen konnte, und legte ihm ein paar Lagen Heu vor.

Wir blieben alle drei ein paar Minuten im Pferch stehen und sahen zu, wie Sam sein Heu mampfte, und da fragte Tyler in all seiner Cowboy-Herrlichkeit – Stiefel, Cowboyhut, kleine Carhartt-Jacke und Chaps –, ob er ihn reiten könne. Ich erklärte Tyler, wir würden dem Pony ein paar Tage zur Eingewöhnung gönnen, bevor wir irgendetwas mit ihm unternähmen, und außerdem sei es schon spät und Zeit zum Abendbrot.

»Ich wette, er hätte nichts dagegen, wenn ich ihn reiten würde«, versuchte es Tyler noch einmal.

»Nicht heute«, sagte ich und schüttelte langsam und nachdrücklich den Kopf.

»Aber er sieht so aus, als ob er gern geritten würde«, argumentierte Tyler weiter und sah seinen Bruder an. »Nicht, Aaron?«

Aaron, der ebenfalls einen Cowboyhut trug, von Tyler vererbt und noch einen Tick zu groß für ihn, nickte zustimmend.

»Nicht heute«, wiederholte ich.

Ich fragte die beiden, ob sie mir helfen wollten, den Anhänger abzukuppeln (wobei mir natürlich klar war, dass das neue Pony weitaus interessanter war als zuzusehen, wie ihr Dad den Anhänger abkuppelte). Beide lehnten höflich ab.

»Okay««, warnte ich, bevor ich hinüberging zum Transporter. »Aber lasst das Pony in Ruhe, verstanden? Er hat jetzt Abendessen.«

»Wir lassen ihn in Ruhe«, grinste Tyler.

»Wia laffen ihn in Ruhe«, wiederholte Aaron.

»Versprochen?«, fragte ich.

»Versprochen«, nickte Tyler.

»Vaprochen«, zirpte Aaron.

Ich ließ die beiden mit dem Pony im Pferch, sicher, dass sie den Kleinen nicht terrorisieren würden, und ging an die Arbeit, das heißt, ich parkte das Gespann und wollte den Anhänger abkuppeln. Gerade hatte ich die Anhängerkupplung so weit hoch gedreht, dass sie sich ausklinken ließ, als die beiden kichernd um die Stallecke gelaufen kamen.

»Was gibt's zu lachen?«, fragte ich, als sie näher kamen.

»Nichts«, gackerte Tyler.

»Nits«, zirpte Aaron.

Beide Jungen waren noch in dem Alter, in dem es oft nichts Lustigeres gab, als ein Pferd bei der Betätigung seiner körperlichen Funktionen zu beobachten, und ich dachte, etwas in dieser Art hätte sich wohl hinter dem Stall ereignet und sie so zum Lachen gebracht.

»Okay«, lachte ich. »Ich seh' nur noch mal kurz nach dem Pony, dann gehen wir zum Abendessen.«

Beide Jungen kicherten nur. Nachdem er anfangs so versessen darauf gewesen war, das Pony zu reiten, war ich einigermaßen überrascht, dass Tyler die nächsten paar Tage nie mehr danach fragte. Es hatte immer wieder geschneit, und ich dachte, er wartete wohl auf besseres Wetter, das heißt, wenn ich ehrlich bin, habe ich überhaupt nicht groß darüber nachgedacht. Das Pony gewöhnte sich außerdem gut ein, und sobald das Wetter besser wurde, wollte ich die Jungen sowieso darauf herumführen.

Drei Tage, nachdem ich Sam auf die Ranch gebracht hatte, hatten wir abends Gäste zum Essen. Wir saßen alle am Tisch und unterhielten uns über dies und jenes, als Aaron aus heiterem Himmel einen Kommentar abgab.

»Tywer hat auf'm Pony 'ridden«, sagte er ganz schlicht, während er sich mit der Gabel ein paar grüne Bohnen in den Mund schob.

Um den Tisch wurde es einen Augenblick still; alle schauten auf Aaron.

»Was?«, fragte Wendy.

Aaron kaute seine Bohnen und wartete, bis er ein paar schlucken konnte, bevor er Antwort gab.

»Tywer hat auf'm Pony 'ridden«, wiederholte er, als sei es das Selbstverständlichste der Welt.

»Hat er?«, fragte Wendy, leicht überrascht. »Wann?«

»Ander Tag«, sagte er und schob Bohnen nach.

Wendy sah mich an, als ob ich wissen müsste, von was er redete – wusste ich aber nicht.

»Du hast das Pony geritten?«, fragte ich nun Tyler direkt. Dieser war auf seinem Stuhl etwas kleiner geworden und sah mit einem schelmischen Grinsen zu Aaron hinüber. Das gleiche Grinsen huschte nun über Aarons Gesicht – als teilten sie beide ein richtig gutes Geheimnis, das nur sie beide kannten.

Langsam begann Tyler zu nicken: Ja.

»Wann war das denn?«, wollte ich neugierig wissen.

»Och, schon länger her«, sagte er ruhig.

Nicht um alles in der Welt konnte ich mir vorstellen, wann er die Zeit gehabt haben sollte, das Pony zu reiten. Ich war mir ziemlich sicher, dass in den letzten zwei Tagen entweder Wendy oder ich immer gewusst hatten, wo die Kinder waren, und unseres Wissens war er nicht zum Stall hinuntergegangen. Das Problem war jedoch, dass weder Tyler noch Aaron zu Lügenmärchen neigten, irgendwie musste er also doch hinuntergekommen sein, ohne dass wir es merkten.

»Du bist wirklich auf seinem Rücken gesessen?«, fragte ich.

Tyler nickte mit einem schafsähnlichen Gesichtsausdruck.

»Hast du ihn gesattelt?«

Tyler schüttelte den Kopf: Nein.

»Du hast ihn ohne Sattel geritten?«

Tyler nickte wieder. Wendy warf mir einen besorgten Blick zu, als ob sie sagen wollte: Pferde fallen in deine Abteilung. Du hast zu wissen, was da vorgeht.

»Mit einer Trense?«, fragte ich.

»Nein.« Tyler grinste immer noch. Aaron fing an zu kichern.

»Mit einem Halfter?«

»Nein.« Nun kicherten beide.

»Du hast ihn geritten ohne Halfter und Sattel?«

»Jep.«

»Wie bist du denn dann drauf gekommen?«

»Ich bin auf den Zaun geklettert.« Lächelnd sah er zu Aaron hinüber. »Aaron hat das Pony herumgescheucht, bis es nahe genug war, und dann bin ich draufgesprungen.«

»Du bist einfach draufgesprungen und hast es geritten?«, fragte Wendy und sah mehr mich an als ihn.

»Jep.«

»Bist du runtergefallen?«, fragte ich.

»Nö«, sagte er schulterzuckend. »Als ich oben saß, hat Aaron ihn wieder herumgejagt, und als er nah am Zaun vorbeikam, habe ich mich daran festgehalten.« Mit den Händen machte er vor, wie er nach oben gegriffen und sich zum Absitzen am Zaun festgehalten hatte.

»Und wo war dein Vater währenddessen?«, fragte Wendy, nun mit einem Anflug von Amüsement in der Stimme.

Aaron, der offensichtlich nicht wusste, wie er erklären sollte, dass ich den Anhänger abgekuppelt hatte, legte beide Hände zusammen und führte sie im Kreis herum, um deutlich zu machen, dass ich die Kurbel an der Kupplung gedreht hatte.

Nun ergab also alles einen Sinn. Deshalb hatten die Jungen so gekichert, als sie an jenem Abend um die Stallecke gekommen waren, und deshalb hatte Tyler nicht wieder gefragt, ob er das Pony reiten könne. Warum auch, er hatte es ja schon geritten.

So ernsthaft, wie es mir unter den gegebenen Umständen möglich war, versuchte ich ihnen zu erklären, warum das, was sie getan hatten, keine so gute Idee gewesen war, und dass sie es nie wieder tun sollten – nicht nur zu ihrer eigenen Sicherheit, sondern auch um des Ponys willen.

Alle um den Tisch lächelten, als die beiden versicherten, sie würden es nie wieder tun – und soweit ich weiß, haben sie sich auch daran gehalten.

Ich kann mich erinnern, dass ich am Ende des Essens aufstand und daran dachte, wie leicht (und ganz verständlicherweise) das strubbelige kleine Pony meine beiden Jungs damals hätte verletzen können – und dass es nichts dergleichen getan hatte.

Und genau deshalb war ich mir sicher, dass es zwar nicht das hübscheste Pony war, das ich je gesehen hatte, aber genau das, was wir gesucht hatten.

Der Dynamitzaun

Sanft sein wollen und sanft sein können sind manchmal zwei Paar Stiefel

Eines Abends stolperte ich in der Wheel Bar über Dwight und fand, er sähe ein wenig hager aus. Wir kamen ins Gespräch, und es stellte sich heraus, dass er auf der Ranch, in der er als Vorarbeiter beschäftigt war, gerade mit einem größeren Zaunbau-Projekt begonnen hatte. Ein eineinhalb Kilometer langes Stück Zaun entlang der Straße und genau vor dem Ranchhaus musste ersetzt werden, und er hatte seit fast einem Jahr mit dem Ranch-Manager darüber gestritten, was für eine Art Zaun es sein sollte.

Der Ranch-Manager war, wie sich herausstellte, ein Ex-Banker aus Missouri und versessen auf einen Ranchzaun mit drei Reihen von Planken übereinander. Dwight dagegen war für eine Art Jägerzaun aus gekreuzten Hölzern.

Offenbar kann man in Missouri an jeder beliebigen Stelle ein Loch graben und einen Holzpfosten hineinsetzen, weil der Boden weich und lehmig ist. Bei uns in den Rockies ist es allerdings nicht so einfach, Löcher zu graben und Pfosten zu setzen. So ziemlich überall, wo man zu graben versucht, stößt man nur Zentimeter unter der Erde auf Felsgestein.

Dwight sagte, sein Boss argumentiere mit dem geringeren Holzverbrauch bei einem Drei-Riegel-Zaun. Dwights Argument war, dass ein Jägerzaun zwar mehr Holz verbrauchte, trotzdem aber billiger, weil viel schneller aufzustellen sei.

Dwight tat sein Bestes, um den Ex-Banker und heutigen Ranch-Manager davon zu überzeugen, dass ein Ranchzaun zwei-, vielleicht dreimal so viel Zeit und Mühe erfordern würde wie ein Jägerzaun. Aber letztendlich ist der Boss eben der Boss, und gerade heute hatte Dwight den ersten Versuch gemacht, Löcher in harten Fels zu bohren. Angefangen hatte er um acht Uhr in der Früh, aufgehört um fünf Uhr am Nachmittag, und geschafft hatte er in dieser Zeit zweieinhalb Löcher – und das war im guten Boden gewesen.

»Meine Leute sind alle anderweitig beschäftigt«, sagte er und winkte Marlin, dem Barmann, ihm noch ein Bier zu bringen. »Mir bleibt nichts anderes übrig, als diesen Zaun allein aufzustellen. Eineinhalb Kilometer verdammter Zaun, und wenn ich Glück habe, bin ich im Dezember fertig.«

Er musste mich in einem schwachen Augenblick erwischt haben, jedenfalls sagte ich: »Ich hab' für morgen nicht viel vor. Wenn du willst, könnte ich herkommen und dir helfen.«

»Keine Ahnung, ob es etwas bringt, wenn wir beide einen miesen Tag haben«, meinte er und zündete sich eine Zigarette an. »Aber Hilfe könnte ich schon gebrauchen, wenn du herkommen willst.«

»Kein Problem.«

»Treffen wir uns doch morgen zum Frühstück beim Big Horn«, schlug er vor und nahm einen großen Schluck Bier. »Dann hast du wenigstens etwas Gutes im Bauch, bevor es mit der Zaungeschichte losgeht.«

Damit war mein Schicksal besiegelt.

Wie die meisten, die jemals auf einer Ranch gearbeitet haben, hatte ich mehr als genug Zäune aufgestellt. Ab und zu hat man hier im Westen sogar mal Glück und findet einen passablen Boden zum Graben. Dann schafft man sieben oder acht Löcher und die dazugehörigen Pfosten. Aber der Boden dort oben bei Dwight war kein guter Boden. Die einzige Stelle mit halbwegs gutem Boden war die, an der Dwight am Vortag gegraben hatte. Danach wurde es nur schlimmer.

Als wir hinkamen, lag das Werkzeug, das Dwight benutzt hatte, noch dort, wo er es liegen gelassen hatte. Neben dem letzten Loch, an dem er gearbeitet hatte, stand ein John-Deere-Traktor mit einer Schaufel vorn und einem Bohrer hinten. Im Eimer lag sein Werkzeug: das Gerät zum Ausheben von Pfostenlöchern, die Enden vom Fels verbogen und gesplittert, ein Spaten, ein Fünfundzwanzig-Pfund-Stampfer, am einen Ende versehen mit einem Meißel für das Felsgestein, am anderen Ende mit einem runden »Fuß«, mit dem man die Erde rundherum feststampfen konnte, wenn der Pfosten im Loch steckte.

Ich sah mir die beiden Löcher an, die Dwight am Vortag gebohrt hatte. Sie waren ungefähr siebzig Zentimeter tief, das Minimum für einen guten, soliden Ranchzaun. Das dritte Loch, das nicht mehr fertig geworden war, war nur halb so tief. Das war das Loch, mit dem ich anfangen würde.

Ich wusste, es würde ein langer Tag werden, als ich den Meißelkopf des Stampfers in das Loch stieß und versuchte, etwas von dem Fels aufzubrechen. Es passierte nichts weiter, als dass der Stampfer wieder ein paar Zentimeter hoch hüpfte und ein Geräusch machte wie ein Hammer, der auf einen Amboss trifft. Yessir, das würde mit Sicherheit ein langer Tag werden.

Dwight und ich brauchten zweieinhalb Stunden, um das Loch fertig zu bohren, und weitere viereinhalb für das nächste Loch. Wir beendeten den Tag mit einem schwachen Versuch, ein drittes Loch zu bohren, und schon dafür brauchten wir zwei Stunden.

»Ich hab' die Schnauze voll«, erklärte Dwight, als wir das Werkzeug in den Eimer warfen. »Morgen nehme ich den Presslufthammer.«

Gesagt, getan. Am nächsten Tag tauchte Dwight tatsächlich mit einem Presslufthammer auf, den er in der Stadt ausgeliehen hatte, und die Dinge liefen ein wenig glatter. Bis zum späten Nachmittag hatten wir das angefangene Loch fertiggestellt und sechs weitere schöne Löcher gebohrt. Am dritten Tag schafften wir morgens drei Löcher, aber dann trafen wir auf einen Boden, der selbst dem Presslufthammer widerstand. Stundenlang versuchten wir, das Gestein in einem Loch aufzubrechen, und kamen keine zwanzig Zentimeter tiefer.

Der nächste Tag verlief nicht viel besser. In der ganzen Zeit hatten wir etwa die Hälfte der vorgesehenen Strecke bewältigt, und es sah so aus, als kämen wir auch nicht mehr viel weiter. Wir hatten uns zu zweit an einem speziellen Loch abgeschuftet, als Dwight hinüberging und den Presslufthammer abstellte.

»Ich geh mal kurz in die Stadt«, sagte er und wischte sich den Schweiß von der Stirn. »Wenn du willst, kannst du inzwischen Pfosten in die Löcher stecken, die wir fertig haben.«

Ich war einverstanden. Dwight sprang in seinen Pickup und fuhr in Richtung Stadt, und ich ging dorthin zurück, wo er vor ein paar Tagen mit den Löchern angefangen hatte. In der Nähe lagen diverse Bündel von Pfosten, jeweils von Metallbändern zusammengehalten. Ich nahm mir ein Bündel vor, zwickte die Metallbänder auf, und die Pfosten rollten auseinander. Dann steckte ich einen Pfosten in jedes Loch, das wir gebohrt hatten, und als diese Pfosten verbraucht waren, nahm ich mir das nächste Bündel mit vierzehn Pfosten vor und machte weiter.

Dwight war nur etwa eine halbe Stunde weg, und als er zurückkam, war ich mit meinen Pfosten beinahe an den letzten Löchern angelangt. Dwight sprang aus dem Pickup, betrachtete die Pfosten, die schief in den Löchern standen (ich hatte sie nur hineingestellt, nicht festgeklopft), und nickte zustimmend.

»Sei so gut«, sagte er, ohne eine Antwort abzuwarten, »und bring den Traktor rüber.«

»Gleich«, sagte ich und ging den Traktor holen, der gute fünfhundert Meter weiter weg stand.

Ich schaute zurück und sah, dass Dwight neben dem Loch, mit dem wir uns abgearbeitet hatten, auf der Erde kniete, aber sonst konnte ich nichts Besonderes entdecken. Aber dann, als ich gerade den Traktor erreicht hatte, kam es dort, wo Dwight sich zu schaffen gemacht hatte, zu einer gewaltigen Explosion.

Instinktiv duckte ich mich, als die Erde bebte, dann sah ich mich nach Dwight um. Zuerst konnte ich nur eine riesige Staubwolke sehen, die sich in die Luft erhob, und fing an zu rennen, weil ich dachte, Dwight wäre ernsthaft etwas passiert. Ich war noch keine zwanzig Meter weit gekommen, als mir Dwight aus der Staubwolke entgegen gerannt kam.

»Bring den Traktor«, brüllte er und bedeutete mir zurückzugehen. »Wir brauchen den Traktor dort unten.«

Ich drehte um und lief zum Traktor zurück. Innerhalb von Minuten hatte ich ihn zu Dwight zurückgefahren und konnte nun sehen, was passiert war. Die Staubwolke hatte sich inzwischen etwas gelegt, und aus der Menge von Fels und Schutt auf der Straße und oben im Gras war klar ersichtlich, dass Dwight ganz einfach den Boden in die Luft gesprengt hatte. Deshalb war er in die Stadt gefahren. Ich wusste, dass er dort einen Freund hatte, der mit Dynamit handelte, und ich wusste auch, dass er es früher schon benutzt hatte, um Biberdämme zu sprengen und dergleichen mehr. Es beim Zaunbau zu verwenden wäre mir nie im Leben eingefallen. Schön, dachte ich. Ab jetzt werden wir uns mit dem Graben leichter tun.

Dwight bedeutete mir, die Gesteinstrümmer mit dem Frontlader des Traktors von der Straße zu räumen, und ging selbst ein Stück weiter, um die nächste Sprengladung zu setzen. Minuten später krachte es wieder, diesmal nicht ganz so heftig wie beim ersten Mal, und wieder räumte ich Felstrümmer von der Fahrbahn. Noch eine weitere Explosion und wir hatten genügend Boden locker gemacht, um die restlichen Löcher graben und die Pfosten setzen zu können.

Sie können sich vorstellen, dass unser Zaun die nächsten Tage gute Fortschritte machte. In der gleichen Zeit, die wir für die erste Hälfte der Pfostenlöcher gebraucht hatten, konnten wir nun die restlichen Löcher graben, die Pfosten setzen und die Planken einhängen. Das einzige Problem war, dass der Boden jetzt fast zu weich war, aber wir kamen zurecht. Das Ergebnis war ein recht hübscher Zaun, wenn ich das so sagen darf.

Im Verlauf der Jahre haben Dwight und ich oft an den Tag unseres »Zaunbaus mittels Dynamit« gedacht, und jedes Mal, wenn wir davon sprachen, mussten wir grinsen. Viele Jahre sind vergangen, seit wir beide diesen Zaun aufgestellt haben. Dwight hat längst die Ranch verlassen und sich anderen Dingen zugewandt. Und dieser Ranch-Manager, der ist auch weg.

Der Zaun hat lange gehalten, aber gerade in letzter Zeit habe ich festgestellt, dass er doch anfängt, morsch zu werden. Die Leute, die heute die Ranch bewirtschaften, ersetzen ihn stückweise – mit einem netten neuen Jägerzaun.

Schnee im Juli

Gegen Dummheit ist kein Kraut gewachsen

Ich finde, jeder, der mit Pferden zu tun hat, sollte wenigstens einmal im Leben auf einer Gäste-Ranch gearbeitet haben. Nirgends findet man so viele verschiedene Pferdepersönlichkeiten wie unter diesen Mietpferden. Yessir, keine Frage, dass man dort eine Menge über Pferde lernen kann.

Aber so viel man auch von den Pferden, die auf solch einer Ranch für die Gäste eingesetzt werden, lernen kann – und das kann eine erhebliche Menge sein –, noch interessanter kann der Blick auf die seltsamen Persönlichkeiten sein, die dort manchmal zum Reiten aufkreuzen.

Besonders eine Gruppe fällt mir immer ein, wenn ich an die spannenden Bergtouren denke, die ich in früheren Zeiten geführt habe.

Wir waren gerade mit dem fertig, was es am Morgen so zu tun gibt, als Steve Wilson, der Besitzer der Gästepferde, mich beauftragte, einen »privaten« Tagesritt zu führen. Offenbar hatten ein paar betuchte Leute aus dem Osten einen Spezialpreis für einen Ritt zum

Odessa Lake bezahlt. Nun waren es zum See und zurück gute sieben Stunden, und das auch nur, wenn wir höchstens eine Picknick-Pause und vielleicht ein oder zwei Stopps für dringende Bedürfnisse einlegten. Ich fragte mich, ob die Gruppe das auch durchstehen würde.

»Können die Leute reiten?«, fragte ich und hoffte, dass ja, aber fürchtete, dass nein. Meiner Erfahrung nach setzten sich Leute, die reiten konnten oder selbst Pferde hatten, in den Ferien selten auf die Mietpferde einer Gäste-Ranch.

»Keine Ahnung.« Steve zuckte die Achseln. »Sie dürften etwa in einer Viertelstunde hier sein. Mach alles fertig.« Er drehte sich um und ging davon, warf mir aber über die Schulter noch schnell zu: »Lunch-Pakete sind im Küchenschuppen. Für dich ist auch eines dabei, wenn du willst. Schinken, glaube ich.«

Viele meiner Kollegen waren nicht sehr erpicht auf Tagesritte, und ich konnte es ihnen nicht verübeln. Wenn man nicht die richtige Gruppe hinter sich hatte – und das war pure Glückssache –, konnte ein Tagesritt leicht in jede Menge Arbeit ausarten. Selbst mit guten Reitern verplemperte man oft viel Zeit damit anzuhalten, weil jemand unbedingt ein Foto machen wollte oder etwas fallengelassen hatte, was er wieder aufsammeln musste, oder um alle in Regenumhänge zu verpacken, wenn es anfing zu regnen, oder weil man einen Platz finden musste, wo sich einige »erleichtern« konnten ... und so weiter.

Trotzdem machten mir Tagesritte nicht allzu viel aus. In den zwei Jahren, die ich hier arbeitete, hatte ich einige geführt, und im Großen und Ganzen waren sie ganz angenehm gewesen. Also machte ich mich an die Arbeit und dachte nicht weiter darüber nach.

Ich holte meine Satteltaschen und schnallte sie hinter dem Sattel fest. Darin befanden sich, wie ich mich sicherheitshalber noch einmal vergewisserte, eine Erste-Hilfe-Ausrüstung, Streichhölzer und eine Rolle Toilettenpapier. Unweigerlich vergaßen auf diesen

Ritten einige vor lauter Aufregung, dass die Natur sich gern gerade dann zu melden pflegt, wenn weit und breit keine moderne Toilettenanlage in Sicht ist. Die Rolle Toilettenpapier in der Tiefe meiner Satteltasche war schon für mehr als einen Gast zum »Retter in der Not« geworden.

Im Küchenschuppen überprüfte ich den Inhalt aller Lunch-Pakete. Immer mal wieder schlich sich so ein Scherzbold von Kollege heimlich in den Schuppen und sabotierte dem Führer die Verpflegung, nur um ihm einen Streich zu spielen. Und nichts ist frustrierender, als in der Picknick-Pause auf einem Tagesritt ein Sandwich auszupacken und statt des erwarteten Schinkenbrots zwei Scheiben Brot mit einem halben Dutzend Zweigen oder Stöckchen dazwischen vorzufinden, oder vielleicht ein paar hübsche Hornspäne vom letzten Hufbeschlag oder gar die Hälfte eines saftigen Pferdeapfels oder was sonst gerade zur Hand war und einen guten Spaß versprach, wenn das Opfer sich anschickte hineinzubeißen.

Alle Pakete – jeweils ein anständiges Sandwich in Klarsichtfolie, ein Apfel, ein Beutel Kartoffelchips und ein Schoko-Cookie, ebenfalls in Klarsichtfolie gewickelt – waren in Ordnung und wurden obenauf in die Satteltaschen gepackt. Ich sah mir die Pferde an: ob die Hufeisen fest saßen, ob die Regenumhänge hinter den Sätteln befestigt waren und ob an jedem Sattelhorn eine Wasserflasche hing.

Wir waren gut beritten für die Tour, wie für jeden Tagesritt. Ich würde dasselbe Pferd reiten, von dem aus ich die Touren der letzten zwei Jahre geführt hatte, ein großes schwarzes Quarter Horse namens Roulette. Offensichtlich hatte sich Roulette seinen Namen viele Jahre zuvor verdient, denn es hieß, damals sei ein Ritt auf ihm das reinste Russische Roulette gewesen: Man konnte nie sicher sein, ob man lebend wieder herunterkam. Irgendjemand muss ihm irgendwann dann aber wohl den Schneid abgekauft haben, denn wir beide hatten nie die geringsten Probleme miteinander.

Nachdem ich mir die Pferde angesehen und die Satteltaschen gepackt hatte, machte ich mich selbst fertig. Es war zwar Mittsommer, aber ich trug ein langärmeliges Hemd mit einem T-Shirt darunter. Darüber zog ich eine Wollweste und meine gefütterte Carhartt-Jacke. Dann schnallte ich mir die Chaps um und noch eine Extrajacke hinter den Sattel, über dem Regenumhang.

Ich schärfte mein Messer, steckte es in die Scheide an meinem Gürtel zurück und nahm ein paar alte, abgetragene Lederhandschuhe, die ich ebenfalls in den Gürtel steckte. Als Letztes befestigte ich das Lariat am Sattel, und dann ging ich hinüber zum Büro, wo sich die Gäste einfinden würden.

Auf dem Weg kamen mir zwei meiner Kollegen entgegen, einer grinste, der andere kicherte leise.

»Was gibt's zu lachen?«, fragte ich im Vorübergehen.

»Wirst du gleich sehen«, antwortete der eine, und dann prusteten sie beide los.

Ich zuckte die Schultern und ging weiter zum Büro. Dort stand Steve auf der Veranda, in Begleitung von vier offensichtlichen Touristen, zwei Männlein und zwei Weiblein, alle in Tank Tops, Shorts und Sandalen.

»Da ist er«, sagte Steve, als ich näher kam. »Mark, das sind die Leute für den Tagesritt.«

Er machte mich bekannt mit Don, einem mittelgroßen, untersetzten Mann mit kurzem, dunklem Haar. Sein Gesicht, seine Arme, die Hände, Füße und Beine waren mehlweiß, ebenso wie die der anderen drei. Sie waren wohl nicht sehr viel im Freien. Dann wurde ich Dons Freundin Carol vorgestellt, etwa so groß wie er, dünn, mit Brille und halblangem rotem Haar.

»Das ist Audrey.« Ich schüttelte einem dunkelhaarigen, etwas kleineren Mädchen die Hand. Sie war recht attraktiv und trug drei Ohrringe in einem und zwei im anderen Ohr. Keiner der vier hatte sehr viel an, aber Audrey unterbot sie alle. Ihre Shorts waren echte Shorts – kurz –, und ihr Oberteil (oder was davon übrig war) hätte Hugh Hefner, dem Playboy-Verleger, die Röte ins Gesicht getrieben.

»Und das ist Jeff, Audreys Verlobter.«

Jeff war ungefähr 1,80 m, hatte kurzes, dunkles Haar und einen kurz geschnittenen Bart samt Oberlippenbart. Wir gaben uns die Hand, und ich trat zurück und schob die Hände in meine Jackentaschen.

»Okay«, sagte ich sachlich. »Von mir aus kann's losgehen. Aber Sie wollen sich sicher noch umziehen, bevor wir losreiten.«

»Umziehen?«, fragte Audrey spöttisch. »Wieso?«

»Sie werden ziemlich lang im Sattel sitzen«, warf Steve ein. »Shorts auf einem so langen Ritt – Ihre Beine werden aussehen wie Hackfleisch, bis Sie zurück sind.«

»Ich dachte, wir reiten nur hoch zu einem See oder so was«, sagte Audrey. »Es ist ein wunderschöner Tag, warum sollten wir etwas anderes anziehen?«

»Hier unten ist es jetzt schön«, erklärte ich. »Aber um an den See zu kommen, müssen wir die Baumgrenze passieren, bevor es wieder hinuntergeht. Das Wetter kann sich dort oben sehr schnell ändern, deshalb ist man besser vorbereitet.«

»Ich hab's dir gesagt«, meinte Jeff und sah auf Audrey hinunter. »Komm schon, ziehen wir uns was anderes an.«

»Da drüben ist ein Umkleideraum«, sagte ich und deutete auf ein kleines Holzhaus gegenüber. »Da können Sie sich umziehen.«

Don, Carol und Jeff machten sich auf in Richtung Auto, wo sie Kleidung zum Wechseln hatten, zögerten aber, als Audrey sich nicht bewegte.

»Ich zieh mich nicht um«, sagte Audrey trotzig und kreuzte die Arme vor der Brust. »Ich bin hergekommen, um in der Sonne zu sein, und genau das werde ich auch.«

»Zum Sonnenbaden legen Sie sich besser neben den Pool im Hotel«, riet Steve, aber Audreys Gesichtsausdruck verriet, dass sie anderer Meinung war.

»Sie müssen es wissen – schließlich ist es Ihre Rückseite.«

Steve schaute hinunter auf die rot lackierten Nägel, die aus den 300-Dollar-Sandalen hervorlugten. »Aber auch wenn Sie keine Jeans anziehen wollen, müssen Sie auf jeden Fall die Schuhe wechseln. In Sandalen können wir Sie nicht mitnehmen auf eine Reittour. Ihre Versicherung hätte etwas dagegen.«

»Ich hab' aber keine anderen Schuhe dabei«, entgegnete Audrey in weinerlichem Ton.

Carol winkte ihr zu. »Komm schon, Audrey. Ich habe Tennisschuhe im Auto, die könnten dir passen.«

»Fein«, brummte Audrey. »Hauptsache irgendwas.«

»Bringen Sie Jacken mit, wenn Sie welche dabei haben«, warf ich vorsichtig ein.

»Wir sind aus New York«, warf Audrey schnippisch über die Schulter zurück. »Wir wissen, was kalt ist – und das hier ist was anderes. Ich denke, das schaffen wir gerade noch.« Sie drehte sich um und erntete ein leises Lachen von ihren Freunden.

Es hatte wohl wenig Zweck, ihr zu erklären, dass in den Bergen die Temperatur oft mit jedem Höhenmeter erheblich abfallen konnte – und wir würden uns auf 1.000 Meter hinaufarbeiten müssen, bevor wir wieder hinunter zum See reiten konnten. Bei der Temperatur, die wir jetzt hier unten hatten, konnten wir leicht an die Nullgrad-Grenze kommen, bevor wir unser Ziel erreichten. Aber wie sie gesagt hatte, wusste Audrey ja, was kalt war, ich brauchte mir also weiter keine Sorgen oder Gedanken zu machen.

Eine halbe Stunde später waren wir fünf – Jeff, Don und Carol in Jeans, T-Shirts und Tennisschuhen, Audrey in ihren Shorts, dem Tank Top und Tennisschuhen, und ich – zu Pferd und machten uns auf den Weg, ich auf Roulette vorneweg. Wie die meisten Ausritte in die Umgebung unseres Stalls war der zum Odessa Lake wunderschön. Na ja, vielleicht sollte ich sagen, er war meistenteils wunderschön. Die erste Stunde führte der Weg über eine nach Süden abfallende Moräne ziemlich dicht an der einzigen Straße zum Bear Lake, einem beliebten Touristenziel, entlang, das heißt, der Verkehr war deutlich zu hören und zu sehen.

Der Weg lag voll in der Sonne, und da er auch noch windgeschützt war, fühlte sich die Luft noch ein paar Grad wärmer an, als sie tatsächlich war. Auf dieser Strecke ließ Audrey ihren nur schlecht verhüllten Sarkasmus an mir aus.

»Wow«, rief sie einmal aus. »Ist das immer so kalt hier oben? Mann, hoffentlich erfriere ich nicht noch.«

Ich muss zugeben, dass dieser Teil des Trails wärmer war, als ich erwartet hatte, und ich schwitzte unter meiner Carhartt-Jacke. Trotzdem behielt ich sie an.

Nach etwa einer Dreiviertelstunde biegt die Straße zum Bear Lake nach Süden ab, während der Trail über Hollowell Park nach Westen führt. Interessanterweise werden Bergtäler in Colorado oft *parks* genannt. So heißt zum Beispiel die Stadt, in der ich lebe, Estes Park und liegt in einem Tal, das nach der ersten Familie benannt ist, die sich hier angesiedelt hat. Weiter oben im Norden, in Wyoming, Idaho und so, redet man von *holes*, Löchern, statt von Tälern, wie etwa in Jackson Hole, Wyoming.

Wir ritten also hinein in den Holloway Park (bzw. das Tal), der von hohen Bergen umgeben ist. Wie so oft bei Tälern ist auch Holloway nicht besonders groß, vielleicht einen halben Quadratkilometer. Der Trail führte durch das Tal, an einem kleinen Bach entlang und dann eine enge Schlucht hinauf.

Hier begann der lange, langsame Anstieg, der uns schließlich über die Baumgrenze hinweg bringen würde.

Von da an war der Pfad beschattet von mächtigen Ponderosa-Kiefern und dann von Espen, die der ältere Wald noch nicht erstickt hatte – und die Temperatur würde langsam zu fallen beginnen.

Kurz nachdem wir in die Schlucht eingeritten waren, vielleicht etwas mehr als eineinhalb Stunden nach unserem Abritt vom Stall, wurde es in der Gruppe etwas ruhiger. Bis dahin war es ziemlich laut zugegangen, sie hatten Witze gemacht, sich unterhalten über dies und jenes und mich immer mal wieder verulkt wegen meiner übertriebenen Kleidung an solch einem schönen Tag.

Ich hatte mich meistens ziemlich ruhig verhalten und nur ab und zu auf ein Reh oder einen Elch aufmerksam gemacht oder Dons Fragen zur örtlichen Geschichte beantwortet. Erwähnt hatte ich, wie schnell sich das Wetter in den Rockies ändern konnte und dass wir vor zwei Uhr über die Baumgrenze und wieder hinunter unter die Bäume kommen sollten. Ich erklärte, dass sich um diese Zeit am Grat oft Stürme bildeten, und dass wir uns möglichst nicht auf offenem Feld davon überraschen lassen sollten.

Ihren Kommentaren war klar zu entnehmen, dass sie mir kein Wort glaubten. Mit Ausnahme von Carol gaben meine Ausführungen zu einem möglichen Wetterwechsel der Gruppe nur einen weiteren Anlass zu Witzen. Während sie lachten, behielt ich die gelegentlichen weißen Federwölkchen im Auge, die sich am Himmel über uns zu Streifen zu versammeln begannen.

Wir kletterten durch die Schlucht, überquerten einen Bach und machten auf einer kleinen Lichtung eine dringend benötigte Pause. Ich ließ alle absitzen, nahm die Zügel sämtlicher Pferde und setzte mich auf einen großen Felsblock im Gras. Die Vier verschwanden eilends hinter Bäumen und Büschen und sahen sehr erleichtert aus, als sie wieder zum Vorschein kamen.

Die Art, wie sie gingen, verriet, dass sie nicht allzu oft auf dem Pferderücken saßen. Als sie zurückkamen, rissen Don und Jeff die üblichen Witze über O-beinige Cowboys und über ihren Hunger, wo doch weit und breit kein McDonald's zu sehen sei.

Während sie ihren Spaß hatten, beobachtete ich die Wolken über uns. Die weißen Federn hatten an Masse gewonnen und zeigten eine Spur von Grau. Außerdem fiel mir auf, dass Audreys Arme, das Gesicht, die Schultern und die Oberschenkel eine rötliche Färbung annahmen, ein sicheres Zeichen, dass sich da jemand ohne Sonnenschutz ins Hochgebirge begeben hatte.

Ich bemerkte, dass sie anfinge, sich einen Sonnenbrand zu holen, und dass ich Sonnencreme in meiner Erste-Hilfe-Ausrüstung hätte, falls sie welche brauchte. Sie sagte etwas in der Art, ich sei schließlich nicht ihre Mutter und solle aufhören, mir Sorgen um sie zu machen. Ich ließ das Thema fallen und nahm es auch nicht wieder auf.

Kurz darauf waren wir wieder unterwegs. Etwa eine Stunde später sahen wir weit unter uns den Bear Lake und hielten an, um Fotos zu machen. Es ging weiter aufwärts, und bald machten die großen Kiefern den immergrünen buschigen Gewächsen der subalpinen Tundra Platz.

Um diese Zeit hatten sich die Wolken, die ich im Auge behalten hatte, über dem Grat, zu dem wir nun langsam vordrangen, zu einer dunklen Masse zusammengeballt und begannen, bedrohlich über die nahe gelegenen Gipfel herabzuwallen. Die Temperatur war um gute zehn Grad gefallen, seit wir losgeritten waren, und während mir immer noch gut warm war, fingen meine Schützlinge sichtlich ein wenig an zu frösteln, obwohl keiner von ihnen bereit war, dies zuzugeben.

Wir kletterten noch höher und trafen auf kleine schmutzige Schneereste vom vergangenen Winter. Einmal mussten wir zehn Meter durch eine Schneewehe reiten, die in der Mitte so tief war, dass die Pferde sich in Sprüngen durchkämpfen mussten, um nicht stecken zu bleiben. Etwa um diese Zeit bemerkte ich, dass die abgebrühte

Fassade, die Audrey den ganzen Tag präsentiert hatte, erste Risse aufzuweisen begann.

Wir waren nur noch ein paar Kilometer vom Grat und dem Abstieg zu unserem Ziel entfernt, das deutlich unterhalb der Baumgrenze und viel geschützter lag. Wenn wir jetzt noch einmal anhielten, würden wir wahrscheinlich ernsthafte Schwierigkeiten mit dem Wetter bekommen, das inzwischen ganz schön bedrohlich aussah und sich in unsere Richtung zu bewegen schien. Während der letzten Stunde hatte Audrey immer wieder gefragt, ob wir nicht kurz anhalten und absitzen könnten. Aus Sorge um die Sicherheit der Gruppe hielt ich sie so lange wie möglich in Bewegung, aber nachdem die Pferde sich durch die Schneewehe gekämpft hatten, war das Maß wohl voll, und Audrey bettelte geradezu darum, absitzen zu dürfen.

»Okay«, gab ich schließlich nach, und mit Blick auf die dunklen Wolken, die sich auf uns zu wälzten: »Aber nur ein paar Minuten. Wir müssen uns wirklich beeilen.«

Ich half allen vom Pferd und ließ sie ihre Beine strecken. Sie konnten nun praktisch nicht mehr verbergen, dass sie sich nicht nur aufgeritten hatten, sondern auch ganz erheblich froren. Carol war die Einzige, die eine Jacke mitgenommen hatte, und sobald sie am Boden war, zog sie diese an. Jeff und Audrey setzten sich auf einen umgefallenen Baumstamm und schmiegten sich dicht aneinander, und Don, der leise angefangen hatte zu zittern, fragte, ob er wohl den Regenumhang anziehen könne, um es etwas wärmer zu haben.

Das war eine prima Idee, was ich ihm auch sagte, und sofort begann ich, die Umhänge von den Sätteln loszuschnallen. Alle zogen sie sich rasch über – alle bis auf Audrey, die sich über den »komischen Geruch« der alten gelben Regenhäute beklagte. Ich bot ihr meine Extrajacke an, aber die wollte sie auch nicht.

Inzwischen war Audrey so verbrannt, dass sie aussah wie ein gekochter Hummer, und ihre Waden und Oberschenkel waren auf der

Innenseite aufgerieben bis zum rohen Fleisch. Ich erklärte ihr, mit dem Regenumhang, der mit Fleece gefüttert war, wäre ihr nicht nur wärmer, sie könnte sich auch den unteren Teil um die Beine wickeln, damit es nicht so weh täte. Sie war nicht interessiert.

Donnergrollen im Westen zwang uns, schleunigst wieder in den Sattel zu steigen und weiterzureiten. Wir folgten dem Trail weiter aufwärts, und vor meinen Augen begannen die Gipfel hinter einem Nebelvorhang zu verschwinden. Da kommt der Regen, dachte ich.

Minuten nach unserem Stopp ritten wir auch aus den Bäumen heraus und waren nun voll und ganz den Elementen ausgeliefert. Uns fehlte noch über ein Kilometer bis zum Abstieg zum See. Oberhalb der Baumgrenze hatte ich freien Blick auf das Wetter und sah, dass die graue Wand genau auf uns zukam. Die Aussicht, oberhalb der Baumgrenze in ein Unwetter zu geraten, war schon unschön genug, aber als ich nun genauer sehen konnte, was da auf uns zukam, verwandelte sich meine Besorgnis in schlichte Bestürzung. Mit einem tüchtigen Regenguss, der uns bis auf die Haut durchnässen würde, hatte ich gerechnet, aber was da in unsere Richtung zog, war ein ausgewachsener Schneesturm.

»Audrey«, sagte ich und drehte mich im Sattel um. »Sie sollten wirklich diesen Umhang anziehen.«

Ich hatte ihn lose vorn über ihrem Sattel befestigt, damit sie ihn leichter erreichen konnte, falls sie ihre Meinung ändern sollte.

»Ich zieh das stinkige alte Ding nicht an«, schallte es zurück, mit einem kaum merklichen Beben in der Stimme.

»Komm schon, Schatz«, bat Jeff. »Du musst am Erfrieren sein. Ich habe meinen um, und mir ist immer noch kalt.«

»Er soll uns einfach aus dieser gottverlassenen Gegend herausbringen«, kreischte sie und sah mir direkt in die Augen.

Ich drehte mich im Sattel gerade rechtzeitig wieder nach vorn, um eine Ladung eisiger, stechender Regentropfen ins Gesicht zu bekommen. Eilig trieb ich Roulette an, holte mir meinen Umhang von hinter dem Sattel und zog ihn über. Innerhalb von Sekunden verwandelte sich der Regen in Graupel und dann in Schnee.

Ich hielt die Gruppe an, stieg ab, rannte zurück zu Audrey, löste den Umhang vom Sattel und versuchte, ihn ihr überzuziehen. Zu meiner großen Überraschung lehnte sie all meine Bemühungen ab, brüllte mich sogar richtig an, ich solle sie in Ruhe lassen. Ich traute meinen Augen und Ohren nicht. Da war sie, von der Sonne zu einem Knusperchip gebrannt, mit nichts an als einem nunmehr tropfnassen Tank Top, Shorts und Tennisschuhen, in einem Schneesturm, und weigerte sich, einen Regenumhang anzuziehen.

Anstatt mich weiter mit ihr herumzuschlagen, beschloss ich, uns alle lieber so schnell wie möglich unterhalb der Baumgrenze zu bringen. Also sprang ich auf Roulette und führte die Gruppe im Trab in Richtung auf den Canyon, der uns hinunter zum See bringen würde. Bis zum Pass waren es noch gute sieben- oder achthundert Meter, und die legten wir in flottem Tempo zurück. Am höchsten Punkt machte der Trail einen Bogen nach rechts und fiel allmählich ab bis zur Baumgrenze.

Als wir die Kurve erreichten, konnte ich kaum noch die Hand vor Augen sehen und hatte Mühe, den dritten und vierten Reiter hinter mir, Audrey und Jeff, noch zu erkennen. Die gute Nachricht war, dass es nun allmählich abwärts ging. Die schlechte Nachricht war, dass wir erheblich langsamer reiten mussten, weil der Pfad immer schmaler wurde.

Auf der rechten Seite erhob sich eine Felswand, die zu einem Überhang wurde, und links ging es mehrere hundert Meter steil nach unten. Wir hatten eine vielleicht zweihundert Meter lange, schmale Felsplatte zu überqueren, hoch oben über dem Odessa Lake, den man wegen des dichten Schneegestöbers allerdings nicht sehen konnte.

Die erste Hälfte des Wegs verlief glatt, wenn wir auch von diesem verrückten Sommerschneesturm kräftig durchgeblasen wurden. Dann, wie das Leben so spielt, hörte es plötzlich auf zu schneien – einfach so. Jetzt denken Sie sicher, da hätten wir noch mal Glück gehabt, und normalerweise wäre es wohl auch so gewesen, aber nicht bei diesem Trip.

Als es aufhörte zu schneien, wurde der Canyon von ohrenbetäubenden Panikschreien aus der Gruppe meiner Mitreiter erfüllt. Eine schnelle Drehung im Sattel enthüllte mir, dass die Schreie von niemand anderem kamen als von Miss Audrey. Und sie schrie nicht nur, was die Lungen hergaben, sie tat auch alles, um von ihrem Pferd herunterzukommen.

Ich hielt mein Pferd an und lief so schnell ich konnte auf dem schmalen Rand zwischen den Pferden und dem Abgrund zu ihr zurück. Gerade noch rechtzeitig konnte ich sie in den Sattel zurückschubsen.

»Audrey!«, brüllte ich und versuchte, ihre Schreie zu übertönen. »Audrey! Was ist los?«

Sie sah aus wie eine ertrunkene Ratte. Die Haare, voll von schmelzendem Schnee, klebten ihr im Gesicht, ihre Kleidung tropfte nur so, ihre Finger waren runzlig wie Trockenpflaumen, und Gänsehaut bedeckte alle sichtbaren Körperteile. Was mir aber sofort am meisten auffiel, war die Farbe ihrer Haut an den Armen und Beinen. Minuten zuvor waren sie noch hummerrot gewesen, nun waren sie fast so weiß wie ein Leintuch. Dann stellte ich fest, dass ihre Lippen bläulich schimmerten.

»'b Hehn'gst«, schrie sie mit zitternder Stimme, die ganz fremd klang. »'ll runter!«

Sie kämpfte mit mir und wollte unbedingt vom Pferd herunter.

»Audrey!« Ich schob sie in den Sattel zurück. »Ich versteh nicht, was Sie sagen wollen.«

»’b Hehn’gst«, schluchzte sie nun. Ihr war offensichtlich so kalt, dass ihr die Lippen kaum noch gehorchten. »’ll runter! ’ll runter!«

»Oh, Mist!«, platzte Jeff plötzlich dazwischen. »Sie hat Höhenangst! Das hab’ ich total vergessen!«

Ihr Kopf fing an unkontrolliert herumzurollen. Solange es geschneit hatte, war die Sicht so schlecht gewesen, dass sie nicht gesehen hatte, wie weit oberhalb des Canyongrunds sie war. Als es aufhörte und sie den Abgrund sehen konnte, war sie in Panik geraten.

»Sie will runter vom Pferd«, erklärte Jeff. »Sie sagt, sie will runter.«

»Das geht nicht«, sagte ich zu Jeff und wendete mich dann wieder Audrey zu. »Sie können nicht absteigen. Das ist hier viel zu gefährlich. Wir sind fast in den Bäumen. Nur noch hundert Meter, dann sind wir weg von der Kante. Sie müssen im Sattel bleiben, Sie können nicht runter.«

»’ferd ’ngt runter«, schluchzte sie, den Kopf auf der Brust, mit klappernden Zähnen.

»Alles okay«, versicherte ihr Carol. »Das Pferd will genauso wenig über die Kante wie du.«

»Stimmt«, sagte ich und machte mich auf den Rückweg zu Roulette. »Bleiben Sie auf dem Pferd, Audrey. Ich bringe uns so schnell es geht nach unten. Bleiben Sie oben.«

Rasch stieg ich wieder auf, Audrey so gut es ging immer im Auge. Kaum hatten wir uns in Bewegung gesetzt, als ihre gellenden, markerschütternden Schreie wieder einsetzten. Diesmal hielt ich nicht an. Ich ritt voran, weil ich dachte, von einem Pferd in Bewegung würde sie wohl kaum abspringen. Tat sie auch nicht. Kurz darauf erreichten wir die Baumgrenze und ritten weiter in Richtung See, wo wir normalerweise unsere Picknick-Pause gemacht hätten. Aber inzwischen hatte wieder eiskalter Regen eingesetzt.

Wir alle waren kalt und nass, aber Audrey war bei weitem am schlimmsten dran. Ich hatte Angst, ich würde sie nicht mehr aufs

Pferd bekommen, wenn sie erst einmal abgestiegen wäre. Statt programmgemäß am See anzuhalten, entschloss ich mich, bis zum Fern Lake zu reiten, eine halbe Stunde weiter den Trail entlang. In der Nähe würden wir Schutz finden, und falls Audrey nach dem Halt nicht mehr weiter konnte, waren es nur fünfundvierzig Minuten bis zum Moraine Park, wo wir Hilfe holen konnten.

Endlich weg von der Kante wurden Audrey und der Rest der Gruppe sehr still. Es regnete immer noch mit Unterbrechungen, aber nach etwa einer halben Stunde erreichten wir wohlbehalten den Fern Lake. Gleich danach kam neben dem Trail eine kleine Lichtung mit einem Anbindebalken für die Pferde, und daneben lag ein großer Felsblock mit einem natürlichen Überhang, der uns alle vor dem Regen schützen würde, sodass wir uns hinsetzen und etwas essen konnten.

Als wir am Anbindebalken ankamen, stiegen Carol, Don und Jeff sofort vom Pferd, und ich ging schnell zu Audrey, um ihr herunterzuhelfen. Sie bewegte sich steif und unbeholfen, ihre Stimme war kaum zu verstehen. Das Zittern hatte aufgehört, aber ihre Lippen waren blau und ihre Haut war blass, alles Symptome für Unterkühlung, ein lebensgefährliches Absinken der Körpertemperatur. Die anderen Drei kamen sofort her, als ich ihr beim Absteigen half und sie auf einen Stein setzte.

»Ich mach' ein Feuer unter dem Überhang dort«, erklärte ich. »Wir müssen sie aus den nassen Klamotten herausbringen und in ein paar von den Regenumhängen wickeln.«

»O nein«, widersprach Jeff misstrauisch. »Sie wird sich nicht vor euch Kerlen ausziehen lassen.«

Mir blieb keine Zeit für Diskussionen. Audrey wurde immer schwächer, und es war nicht abzusehen, was passieren würde, wenn wir sie nicht so schnell wie möglich wärmen konnten. Ich machte mich unverzüglich auf die Suche nach trockenem Feuerholz und wurde zum Glück fündig unter den niedrigen Zweigen einer Fichte sowie unter dem Überhang selbst. Aus meiner Satteltasche holte ich das Toilettenpapier, drapierte die trockenen Zweige samt einer Handvoll trockener Fichtennadeln auf einer guten Unterlage von zusammengeknülltem Toilettenpapier und zündete das Ganze mit einem Streichholz an. Schnell brannte ein nettes kleines Feuer, das ich noch ein paar Minuten mit größeren Zweigen fütterte, die ich in der Nähe gefunden hatte. Die Zweige waren feucht und qualmten ziemlich, machten aber warm.

Wir setzten Audrey ans Feuer. Nach einigem Hin und Her erlaubte Jeff schließlich, dass Carol Audrey hinter einer Wand aus Regenumhängen, die er und Don hoch hielten, auszog und ihr die trockene Jacke, die sie selbst die ganze Zeit getragen hatte, umlegte. Darüber zog sie noch zwei Regenumhänge. Der natürliche Überhang sorgte dafür, dass die Wärme des Feuers nicht verflog, und zusammen mit der Tatsache, dass es aufgehört hatte zu regnen und die Sonne versuchte durchzubrechen, erschienen die Dinge langsam wieder in freundlicherem Licht.

Ungefähr eine Stunde später waren alle trocken und satt. Die Sonne schien von einem leuchtend blauen Himmel, und Audrey hatte sich fast völlig erholt und trug wieder ihre eigenen Klamotten. Ich löschte das Feuer mit etwas Wasser aus dem See und häufte ein paar Zentimeter Erde darüber. Dann saßen wir auf und ritten zurück zur Ranch. Außer einem gelegentlichen Stöhnen oder Seufzen meiner Mitreiter, die sich wund geritten hatten, wurde auf dem restlichen Weg buchstäblich kein Wort mehr gesprochen.

Zurück im Stall halfen ein paar der anderen Cowboys den Reitern aus dem Sattel. Auf die Frage, wie ihnen der Ritt gefallen habe, antworteten alle außer Carol, es sei das schlimmste Erlebnis ihres Lebens gewesen. Sie würden mit Sicherheit nie wieder kommen, sagten sie, und überhaupt wären sie gar nicht erst losgeritten, wenn ihnen jemand vorher gesagt hätte, wie kalt es da oben werden konnte. Und Audrey fügte hinzu, mich sollte man 'rausschmeißen, weil ich nicht dafür gesorgt hätte, dass sie der Witterung entsprechend angezogen war.

Müde führte ich Roulette in seinen Paddock und fing an, meine Satteltaschen auszuräumen. Ich kam bis zur Erste-Hilfe-Ausrüstung, dann schob ich alles zurück und beschloss, die Taschen nur herunter und mit in den Stall zu nehmen. Gerade hatte ich mich daran gemacht, die Schnüre aufzuknüpfen, als ich meinen Namen hörte. Ich drehte mich um, und hinter mir stand Carol. Sie streckte mir die Hand hin und schüttelte mir die Hand.

»Ich lebe jetzt in New York«, lächelte sie, ohne meine Hand loszulassen. »Aber aufgewachsen bin ich auf einer Ranch in den Bighorns. Ich weiß, was Sie da oben für uns getan haben, und ich wollte Ihnen nur sagen, ich weiß es zu schätzen.«

»Vielen Dank«, sagte ich etwas verblüfft.

»Sie wissen es auch zu schätzen«, sagte sie und nickte in Richtung ihrer Freunde. »Sie haben es nur noch nicht gemerkt.«

»Tut mir leid wegen Audrey ...«

»Ach, wissen Sie«, sagte Carol und ließ langsam meine Hand los, wobei etwas darin zurückblieb. »Mein Vater hat immer gesagt: Gegen Dummheit ist kein Kraut gewachsen, und es ist einfach zu mühsam, einem Schwein das Singen beizubringen.«

Sie lächelte. »Haben Sie je versucht, ein Schwein zum Singen zu bringen?«

»Nein«, grinste ich zurück.

»Sollten Sie auch lieber lassen. Es ist nichts als Zeitvergeudung, und das Schwein ärgert sich nur.«

Damit wandte sie sich um und ging zu ihren Freunden zurück. Ich sah auf meine Hand und stellte fest, dass sie eine Hundert-Dollar-Note darin zurückgelassen hatte.

Yessir, auf einer Gäste-Ranch können Sie eine Menge lernen über die menschliche Natur.

Wendy und das Kaltblutbaby

Auf die Verbindung kommt es an

Dwight fuhr hoch nach Minnesota und kaufte von einem Freund vier wirklich nette Belgische Kaltblutstuten, die innerhalb eines Monats abfohlen sollten. Zwei der Stuten waren für unseren Freund Steve, die anderen beiden für die Ranch, auf der ich Vorarbeiter war.

Obwohl ich Vorarbeiter war, wohnten wir, Wendy und ich, damals nicht auf der Ranch, sondern auf einem kleinen Grundstück außerhalb der Stadt, mit etwas Land und einem größeren Pferch samt Schuppen beim Haus. Dwight brachte alle vier Stuten zu uns, wo sie abfohlen sollten. Später wollte Steve seine Stuten und ihre Fohlen abholen, und wir würden die anderen beiden und ihre Fohlen zur Ranch bringen.

Die Stuten kamen ganz unspektakulär an und lebten sich schnell ein. Sie waren alle ungefähr gleich groß, um die 1,55 m Stock, und ungefähr gleich schwer, um die 950 Kilo. Nur eine, Mary, brachte es auf über 1,80 m und stattliche 1.500 Kilo. Da sie alle vom selben Züchter kamen, kannten sie sich und vertrugen sich gut; wir brauchten sie nicht zu trennen und brachten sie alle vier in unserem großen Pferch unter. Wenn eine Stute abgefohlt hatte, wollten wir sie mit ihrem Baby in einen kleineren Pferch bringen, bis das Fohlen gelernt hatte, seine Beine zu sortieren, und sie dann wieder alle zusammenbringen.

Von den vieren blieben uns zwei besonders in Erinnerung, wenn auch aus ganz verschiedenen Gründen. Die erste war Jill, eine sehr gutmütige, freundliche Stute, die immer sofort herkam und uns begrüßte, wenn wir Futter brachten oder ausmisten wollten. Aber das war nicht der wirkliche Grund, warum sie aus der Reihe fiel.

Für mich war Jill etwas Besonderes wegen der Verbindung, die zwischen ihr und Wendy, meiner Frau, entstand. Es dauerte nur ein paar Tage, und Jill folgte Wendy im Pferch wie ein Hündchen. Sie bettelte geradezu darum, geklopft und gekratzt zu werden – und Wendy tat ihr nur zu gern den Gefallen.

In den letzten Tagen vor dem Abfohlen, als Jill ungefähr so massig war wie ein Haus und sich so ungemütlich fühlte wie nur möglich, kam sie immer wieder zu Wendy und lehnte ihren Riesenschädel sanft gegen Wendys Brust, die Augen halb geschlossen und etwas mühsam Atem holend.

Die zweite Stute, die uns in Erinnerung blieb, war Mary – nicht wegen ihres wirklich eindrucksvollen Formats, sondern wegen ihrer Haltung uns und ihrem Fohlen gegenüber. Mary fohlte als dritte ab, und da sie noch nie ein Fohlen gehabt hatte, war sie höchst interessiert an den beiden, die vor dem ihren geboren wurden. Aber all dies änderte sich komplett, als sie selbst Mutter wurde.

Für Ende April war das Wetter nicht übel, und in den Nächten, in denen die ersten beiden Fohlen geboren wurden, hatten wir Glück. Es war zwar etwas frostig, aber trocken, und die Geburten verliefen problemlos. Bei Mary sollte dies nicht der Fall sein.

Seit ihrer Ankunft und besonders, seit die ersten beiden Fohlen auf der Welt waren, hatte sie mehrmals so etwas wie Wehen gehabt, die aber, als ob sie dies willentlich beeinflussen könnte, jedes Mal wieder aufgehört hatten. Aber schlussendlich war auch sie nicht in der Lage, ein Baby, das geboren werden wollte, am Herauskommen zu hindern.

Wir hatten seit Tagen das Wetter beobachtet, weil eine Kaltfront angesagt war, die Regen, vielleicht auch Schnee mit sich bringen sollte. Der Tag selbst war mild und angenehm gewesen, besonders für Anfang Mai in den Bergen, aber gegen Abend drehte der Wind, und aus Nordost kam eine leichte Brise auf, die wie erwartet feuchtkalte Luft mitbrachte. Der Schnee würde nicht lange auf sich warten lassen.

Gegen sieben Uhr abends wurde Mary unruhig, biss und schlug nach ihrem Bauch, legte sich immer wieder flach hin und stand wieder auf. Wie gesagt hatte sie sich in den letzten paar Wochen mehrmals so verhalten, und es war immer falscher Alarm gewesen. Aber diesmal schien es ernst zu sein, und wir behielten sie in den nächsten Stunden gut im Auge.

Marys Symptome kamen und gingen ungefähr drei Stunden lang, und um zehn Uhr beschlossen wir, uns hinzulegen. Ich stellte mir den Wecker für Mitternacht, und als ich dann nachsehen ging, war die Geburt im vollen Gange. Nase und Vorderhufe waren bereits draußen, und Mary stand mit einem mehr als verdrossenen Gesicht im Pferch.

Wir haben immer versucht, die Zuchtstuten bei der Geburt in Ruhe zu lassen und nur einzugreifen, wenn es absolut notwendig war. Als ich nun Mary ein paar Minuten beobachtete, merkte ich, dass dies eine der Gelegenheiten war, wo es ohne unser Zutun nicht abgehen würde. Sie wanderte herum, um sich dann beinahe gewaltsam zu Boden zu werfen, wobei das Fohlen etwas weiter herausrutschte. Sie mühte sich mit den nachfolgenden Wehen, schien aber nicht viel weiterzukommen. Wieder legte sie sich hin, blieb einige Zeit liegen und stand wieder auf, und immer noch hing das Fohlen mit Nase und Vorderbeinen aus der Scheide heraus.

Damals wohnte mein Bruder Scott bei uns im Erdgeschoss, und er, Wendy und ich versuchten, ihr zu helfen. Sie wanderte ein wenig herum und warf sich dann wie zuvor mit Wucht zu Boden. Als die Wehen wieder einsetzten, packten Scott und ich je ein Vorderbein des Fohlens und zogen im Rhythmus der Wehen daran, um Mary die Geburt zu erleichtern.

Genau da begann es zu schneien. Erst schwebten die Flocken sanft und schwerelos herab, aber bald wurden sie größer und schwerer und brachten all die Feuchtigkeit mit, die der Wettermann am Vortag versprochen hatte.

Unser erster Versuch, das Fohlen herauszuholen, schlug fehl, wenn wir auch einen kleinen Fortschritt verbuchen konnten. Die Stute jedenfalls wurde ungeduldig, stand wieder auf und fing wieder an herumzuwandern. Ganz schnell war der Boden von schwerem, nassem Schnee bedeckt, der dort, wo er nicht schmolz und den Boden in Matsch verwandelte, in großen weißen Placken liegen blieb, weil der Boden noch immer gefroren war.

Ich zog der Stute das Halfter an und gab Wendy den Strick zu halten, weniger um sie am Herumgehen zu hindern, sondern um sie überhaupt unter Kontrolle halten zu können, falls es ihr einfallen sollte, die Szene ganz und gar zu verlassen. Ein paar Minuten vergingen, und die schwere Stute warf sich wieder zu Boden. Sofort packten Scott und ich die Vorderbeine des Fohlens und zogen bei jeder Wehe mit.

Wir wussten, wir mussten uns beeilen. Das Wetter wurde immer schlimmer, der Boden war rutschig, und je länger dies dauerte, desto schlechter war es für Mary und das Baby. Scott und ich zogen bei jeder Wehe, was das Zeug hielt, und obwohl es sich anfühlte, als ob man einen 59er Buick mit angezogener Handbremse einen Berg hinaufschieben wollte, hatten unsere Mühen schließlich doch Erfolg.

Etwa beim dritten Ziehen kamen der Kopf und ein Teil des Halses heraus. Beim nächsten Zug passierten die Vorderbeine und die Schultern den Geburtskanal. Damit schien der mühsamste Teil für die Stute ausgestanden zu sein, und mit noch etwas Pressen von ihr und Ziehen von uns kam das Fohlen endlich zur Welt.

Sofort war zu sehen, warum die Stute solche Probleme gehabt hatte. Das Fohlen war riesig! Nun sind Kaltblutfohlen natürlich immer größer als Fohlen von Reitpferden, aber selbst für ein Kaltblutfohlen war dieser Bursche enorm groß.

Als das Fohlen heraus war, schien die Stute sich zu entspannen. Sie lag auf der Seite und versuchte Atem zu holen. Das Baby versuchte, seinen klobigen Schädel zu heben und sich den Schleim aus den Nüstern zu pusten. Nach ein paar schwachen Schnarchlauten ließ es so etwas wie ein schwaches Wiehern hören, was sofort Marys Aufmerksamkeit erregte. Sie rollte sich herum auf die angezogenen Beine und wandte ihm den Kopf zu. Sie antwortete mit einem leisen Blubbern, was ein etwas lauteres Wiehern des Fohlens zur Folge hatte sowie den Versuch, auf die Beine zu kommen – der kläglich fehlschlug.

Die Stute wieherte wieder und zog sich dann, auf dem matschigen Boden ausrutschend, auf die Füße. Ohne sich zu schütteln drehte sie sich um und ging geradewegs zu ihrem Neugeborenen. Sie senkte den Kopf, beroch es und begann es abzulecken.

Wir wussten, dass dies der Beginn des natürlichen »Bonding«, der Bindung von Mutter zu Fohlen, war, und zogen uns zurück, um nicht zu stören. Zu unserer Überraschung schien Mary aber nach wenigen

Minuten das Interesse an ihrem Produkt zu verlieren. Sie ging einfach weg und ließ es stehen, als ob es sie nichts anginge.

Es schneite noch immer heftig, und die Temperatur war inzwischen stark gefallen. Zu diesem Zeitpunkt galt unser Hauptinteresse dem Fohlen. Es galt, das Baby so schnell wie möglich so trocken wie möglich zu bekommen. Dann würden wir es auf die Füße stellen und die zwei in den Schuppen bringen, geschützt vor der Witterung. Wendy brachte ein paar alte Handtücher, und Scott und sie begannen, das Fohlen abzureiben. Ich brachte Mary zurück zu ihrem Kind, aber sie schien nicht interessiert.

Während wir das Fohlen trockenrieben und dann versuchten, es auf die Füße zu stellen, was keine kleine Aufgabe war, hielten wir Mary immer in seiner Nähe. Es schien bei dem riesigen Fohlen etwas länger als gewöhnlich zu dauern, bis es seine extrem langen Beine unter diesem großen Rumpf sortiert hatte. Und als dies geschafft war, schien es noch einmal länger zu dauern, bis es herausgefunden hatte, wie man diese Beine bewegte.

Schließlich war es auf den Beinen, stakste wackelig herum und hielt Ausschau nach seiner Mutter und nach etwas Nahrhaftem. Der einzige Funke Interesse an ihrem Fohlen, den Mary zeigte, bestand darin, dass sie es jedes Mal wegschubste, wenn es in ihre Nähe kam. Wir schoben die beiden in den Schuppen und schlossen sie ein.

Mary schien nicht allzu glücklich mit diesem neuen Arrangement. Uns verblüffte die Gleichgültigkeit, mit der die Stute ihrem Fohlen begegnete. Die meisten der Zuchtstuten, die wir über die Jahre betreut hatten, waren ziemlich gute Mütter gewesen und hatten anscheinend instinktiv gewusst, was zu tun war. Vielleicht dachte Mary, sie hätte ihr Teil beigetragen, nachdem das Fohlen auf der Welt war, vielleicht nahm sie ihm auch übel, dass sie sich seinetwegen so hatte mühen müssen. Wie auch immer: Es war klar, dass sie in dieser nassen, kalten Nacht liebend gern woanders gewesen wäre.

Nichtsdestotrotz dirigierten wir das Fohlen immer wieder an Marys Flanke heran und versuchten, sie lange genug zum Stehen zu bringen, dass es auch herankommen konnte. Man hätte meinen können, wir versuchten zwei Raumschiffe aneinander anzudocken, so wie die beiden kämpften. Immerhin brachten wir sie nach einigen Fehlschlägen doch noch zueinander.

Und schon tauchte das nächste Problem auf: Das Fohlen war so groß (und außerdem natürlich ohne jede Erfahrung im Saugen), dass es einfach das mütterliche Euter nicht finden konnte! Jedes Mal, wenn es das versuchte, endete es damit, dass es Mary in die Flanke stupste, was sie wiederum nicht unbedingt toll fand. Es dauerte eine ganze Weile, bis ich das Baby dazu bringen konnte, den Kopf so weit zu senken, dass es unter der Flanke landete statt in ihr. Aber schließlich klappte es doch noch, und es bekam seine erste gute Mahlzeit, sehr zum Ärger seiner Mutter. Damit ließen wir es gut sein und gingen schlafen.

Am nächsten Morgen war die Kaltfront abgezogen, der Tag versprach warm und sonnig zu werden. Wir ließen Mary und das Fohlen aus dem Schuppen, sahen aber gleich, dass das Fohlen sich beim Saugen keinen Deut besser anstellte als in der Nacht zuvor. Noch immer landete es bei jedem Versuch an ihrer Flanke, und die Stute war die meiste Zeit damit beschäftigt, es wegzuschubsen, obwohl sie uns ein klein wenig toleranter ihm gegenüber vorkam.

Es war klar, dass wir schnell etwas unternehmen mussten, um dem großen Fohlen zu seiner Milch zu verhelfen. Also versuchte ich wieder, es wie in der Nacht zuvor dazu zu bringen, den Kopf zu senken. An diesem Morgen war es aber schon bedeutend kräftiger und noch weniger geneigt, den Kopf so tief zu nehmen. Nach einigen

Minuten geduldiger Arbeit war klar, dass wir zu Plan B übergehen mussten – die Milch abmelken und das Fohlen mit der Flasche füttern, bis es herausbekam, wie es selbst an die Quelle kam.

Kaum hatte ich dies Wendy gegenüber geäußert, als sie auch schon ins Haus verschwand. Nach kurzer Zeit kam sie mit zwei Babyfläschchen zurück, die noch aus der Zeit stammten, als unsere Kinder klein waren. Wendy hielt Mary fest, während ich mit der Hand ihre Flanke entlang und vorsichtig hinunter zum Euter fuhr. Nicht gerade überraschend hatte Mary inzwischen mehr als genug von dem ständigen Getue an ihrer Flanke und schien alles andere als beglückt von dieser Idee.

Obwohl sie ein paar Mal Anstalten machte, nach mir auszuschlagen, brachte ich schließlich ein halbes Fläschchen Milch zustande. Wendy setzte den Sauger auf und schnitt ein größeres Loch hinein, damit die Milch leichter herausfloss. Sie bot dem Kleinen das Fläschchen an, und er trank, als ob es seine letzte Mahlzeit wäre.

Nun hatten wir dem Kleinen erfolgreich etwas Milch einverleibt, aber wir wussten, es war nur der Anfang. Wir würden Mary vermutlich nicht nur einige Tage lang mehrmals am Tag melken müssen, wir würden dieses Riesenbaby auch irgendwie dazu bringen müssen, den Kopf zu senken und selbst zu trinken. Und überdies hatten wir auch noch eine Stute, die sich absolut nicht sicher war, ob sie an dem Ganzen überhaupt teilnehmen wollte.

Es war klar, dass wir größere Milchmengen brauchten. Wenn wir dem Fohlen größere Mengen füttern konnten, brauchten wir es nicht so häufig zu füttern. Außerdem brauchten wir eine größere Flasche und einen kräftigeren Sauger. Das Fläschchen war okay, aber einem »Hochleistungssauger« wie unserem Riesenbabys würde es nicht lange gewachsen sein.

Ich rief unseren Tierarzt an und fragte nach einer Flasche, mit der Kälber von Hand gefüttert wurden. Er hatte eine, und ich fuhr hinüber und holte sie. Wendy fütterte das Fohlen wieder mit dem Fläschchen. Irgendwie hatte sie es fertig gebracht, die Stute allein zu melken, ohne sie anzubinden oder von jemand festhalten zu lassen. Ich war etwas überrascht, hatte sie mir doch eine halbe Stunde zuvor noch beinahe eine verpasst, als ich sie zu melken versuchte.

Das Baby hatte ausgetrunken, war aber sichtlich noch hungrig, was hieß, dass wir Mary noch einmal melken mussten. Mit gebührendem Respekt näherte ich mich der Stute mit der neuen großen Flasche und beugte mich hinunter zu ihrem Euter. Wie aufs Stichwort bewegte sie sich weg – sie hatte nichts damit im Sinn. Als sie stehen blieb, versuchte ich es noch einmal, mit demselben Ergebnis.

Da kam Wendy herüber, nahm mir die Flasche ab, ging hinüber zu Mary und melkte sie, als ob überhaupt nichts dabei wäre. Die Stute stand ganz zufrieden da und erlaubte Wendy etwas, was ich nicht einmal hatte versuchen dürfen. Ich sah hinüber zu Wendy.

»Frauensache«, sagte sie achselzuckend.

Offensichtlich, denn die nächsten eineinhalb Tage konnte Wendy die Stute zu jeder Tages- und Nachtzeit melken, ohne sie auch nur irgendwie festzuhalten. Kam aber ich mit der Flasche an, protestierte die Stute auf alle möglichen Arten, die mir jeweils zu verstehen gaben, dass ich das lieber Wendy überlassen sollte.

Nachdem das Fohlen gelernt hatte, aus der großen Flasche zu trinken, bewegte Wendy die Flasche bei jeder Fütterung näher an Marys Flanke heran. Allmählich nahm sie die Flasche weiter nach unten und schließlich unter Marys Bauch, und nach ein paar Tagen war das Fohlen imstande, das Euter von allein zu finden (auch wenn es dazu fast in die Hocke gehen musste).

Etwa um diese Zeit schien Mary sich allmählich für den Gedanken des Mutterseins zu erwärmen. Sie ließ den Kleinen nicht nur trinken, er durfte auch an ihrer Seite bleiben wie die anderen Fohlen bei ihren Müttern, eine Errungenschaft, die vor wenigen Tagen noch ein Ding der Unmöglichkeit gewesen wäre. Von da an wurde Mary eine Mustermutter und blieb es auch, als sie ein paar Wochen später zur Ranch hochgeholt wurde.

Mit achtzehn Monaten hatte das Fohlen schon gut über 1,62 m Stock und wog fast 1.500 Pfund. Etwa um diese Zeit fuhr ich ihn ein und ließ ihn, mit seiner Mutter zusammengespannt, sehr leichte Lasten ziehen. Von Zeit zu Zeit spannte ich ihn auch mit einer anderen älteren Stute zusammen, die wir gelegentlich zum Einfahren des Nachwuchses einsetzten.

Aus dem Fohlen wurde schließlich ein richtig gutes Zugpferd, das im Gespann mit einem seiner gleichaltrigen Halbgeschwister für uns Rancharbeit verrichtete. Als ich die Ranch einige Jahre später verließ, hatte es sich zu einem Riesen von fast 1,82 m Stock und über 2.000 Pfund Gewicht ausgewachsen.

Wie ich hörte, wurden schließlich alle Zugpferde einschließlich des Fohlens sowie die Wagen und die zugehörige Ausrüstung verkauft. Das Letzte, was ich hörte, war, dass das Fohlen an eine andere Ranch verkauft worden war und dort mehrere Jahre den Heuwagen zog. Dann wurde es wieder verkauft und diente in Denver als Wagenpferd, bis es schließlich an einen Mann ging, der es als Stangenpferd in seinem Sechsergespann einsetzte.

Ich finde es interessant, dieses Leben, das dem Fohlen beschieden war, und was es im Laufe der Jahre alles geleistet hat. Besonders wenn man bedenkt, dass dies alles wenig feierlich in unserem Hinterhof begann, in einer kalten Winternacht.

Diamond und Anne

Pferde vergessen nichts, was ihnen wichtig ist

Zum ersten Mal bot die Gäste-Ranch im Winter Pferdeschlittenfahrten an. Verständlicherweise verspürte die Leitung wenig Lust, mir einen fest angestellten Helfer zur Seite zu geben, solange sich nicht herausgestellt hatte, ob und wie viel Interesse an solchen Schlittenfahrten bestand. Schließlich machte es keinen Sinn, zwei Leute zu beschäftigen für einen Job, den auch einer allein erledigen konnte.

Im Herbst war ich hauptsächlich damit beschäftigt gewesen, die Aufbauten für die beiden Zwölf-Sitzer-Schlitten zusammenzubasteln (einer sollte als Reserve für etwaige Notfälle dienen) und einen Weg durch die zur Ranch gehörenden Wälder zu verbreitern, auf dem die Schlitten und die beiden Kaltblüter, die sie ziehen sollten, unterwegs sein würden. Der Aufbau, den ich fabrizierte, passte gut auf die großen, schweren Doppelschlitten, die Dwight und ich im Frühjahr auf einer Auktion gekauft hatten. Als es Anfang November erstmals richtig schneite, waren die Schlitten wie auch der Schlittenweg zum Einsatz mehr als bereit.

Nach diesem ersten heftigen Schneefall luden wir alle Leiter der diversen Aufgabengebiete der Ranch in den festlich bemalten Schlitten (ausgestattet mit alten Schulbussitzen, die ich auf einem Schrottplatz aufgestöbert hatte) und machten uns auf zu unserer Jungfernfahrt durch die Wälder. Hinterher waren sich alle Beteiligten einig, dass unser Schlittenangebot eine Riesensache war. Uns fehlten nur noch die Kunden.

Nach einer größeren Anzeigenkampagne hatten wir bald mehr Interessenten für Schlittenfahrten, als wir bewältigen konnten. Es war klar, dass ich nicht nur einen Assistenten für das aufblühende Geschäft brauchte, sondern auch ein zweites Pferdegespann, denn schon nach wenigen Wochen begann unser einziges Gespann deutliche Zeichen von Überlastung zu zeigen.

Unverzüglich machte ich mich auf die Suche und fand nach einigem Herumtelefonieren auch wirklich ein Klassegespann Belgischer Kaltblüter namens Diamond und Andy. Andy war für einen Belgier normal groß, etwa 1,74 m Stock und 2.200 Pfund schwer, aber Diamond war ein Riese von fast 1,84 m Stock und 2.600 Pfund. Zusammen waren sie eine Wucht und hatten keine Mühe, den großen Schlitten zu ziehen.

Jetzt mussten wir nur noch jemanden finden, der mich bei den Fahrten unterstützen konnte. Wir setzten ein paar Anzeigen in lokale Zeitungen und landwirtschaftliche Wochenblätter, es meldeten sich aber nicht allzu viele Leute, die Lust gehabt hätten, bei eisiger Kälte draußen zu arbeiten und den ganzen Tag auf das südliche Ende von nordwärts gehenden Pferden zu starren. Gerade als ich aufgeben wollte, tauchte ein recht unwahrscheinlicher Kandidat auf.

Wie bei den meisten Gäste-Ranches bestand auch die unsere aus mehreren Bereichen. Es gab den Empfang, die Wartung, die Hauswirtschaft, den Konferenzdienst, Essen und Trinken und meinen Bereich, den Reit- und Fahrbetrieb. Außerdem hatte unsere Ranch zusätzlich noch ein weiteres Spezialangebot zu bieten: den Fitnessbereich.

Drei oder vier Vollzeitangestellte und eine Handvoll Teilzeitkräfte arbeiteten in diesem Fitnessclub. Eine der Teilzeitkräfte war ein ganz zierliches junges Mädchen namens Anne. Anne war keine 1,50 m groß und wog klatschnass sicher nicht mehr als 100 Pfund. Ich hatte sie ein paar Mal gesehen, aber da wir verschiedene Arbeitszeiten hatten, hatte ich sie nie wirklich kennengelernt.

Es war Samstagmorgen, und ich machte das Gespann fertig für einen langen Schlittentag. Die erste Schlittenfahrt sollte um 11 Uhr beginnen, die letzte stand für 21 Uhr auf dem Programm. Die Fahrten folgten dicht aufeinander, und mit jeweils knapp einer Viertelstunde Pause dazwischen würde mir nicht viel Zeit für irgendetwas anderes bleiben.

Ich führte die Pferde gerade in die Scheune, um sie zu füttern, zu putzen und anzuschirren, als ich Anne das kurze Stück Weg vom Fitnessclub zur Scheune herunterkommen sah. Ich dachte mir nicht viel dabei und machte mich an die Arbeit, das heißt, ich band die beiden Kaltblüter in ihren Futterständen an und gab ihnen ihre Morgenration Hafer. Gerade war ich dabei, Andy zu putzen, als ich Annes Stimme hörte.

»Hallo?«, rief sie, so laut, dass jeder, der sich im Stall befand, es hören musste.

»Hallo«, antwortete ich.

»Ich suche Mark«, sagte sie.

»Das bin ich«, sagte ich und bürstete weiter auf Andys immenser Oberfläche herum.

»Ich bin Anne«, rief sie in den Stall herein. »Ich arbeite im Fitnessclub hier und habe gehört, dass Sie jemanden suchen, der bei den Schlittenfahrten hilft.«

»Stimmt«, sagte ich und umrundete Andys gewaltiges Hinterteil, um auf der anderen Seite weiterzuputzen.

»Ich mach' das«, sagte sie, als ob überhaupt kein Zweifel daran bestünde, dass sie den Job bekommen würde.

Einigermaßen amüsiert von ihrem Selbstvertrauen kam ich hinter Andy hervor und ging zu dem großen Scheunentor, wo sie stand.

»Haben Sie schon Erfahrung mit Pferden?«, fragte ich und öffnete das Tor, um sie hereinzulassen.

»Ich habe ein paar Trailritte gemacht«, sagte sie, als sie in den Stall kam, »aber das war's dann auch schon.«

Sie können sich vorstellen, dass ich nicht die Absicht hatte, jemanden für die Schlittenfahrten einzustellen, der praktisch keinerlei Erfahrung mit Pferden hatte. Eigentlich hätte ich am liebsten jemanden gehabt, der schon Kenntnisse im Fahren hatte, aber zur Not hätte mir irgendein Pferde-Hintergrund schon gereicht. Die Grundprinzipien konnte ich demjenigen dann schon schnell beibringen, davon war ich überzeugt. Aber dieser Hauch von einem Mädchen, mit keinerlei Erfahrung – sie fiel für mich als ernsthafte Anwärterin auf die Stelle ehrlich gesagt von vornherein aus.

Nun fühlen sich die meisten Menschen, die noch nicht viel mit Pferden zu tun hatten, schon von der schieren Größe eines normalen Kaltblüters eingeschüchtert. Ich dachte also, ich würde Anne am schnellsten von ihrer Idee abbringen, wenn ich sie in direkten Kontakt zu einem dieser massigen Burschen brächte, und das tat ich denn auch. Anne ging mit mir zurück zu den Futterständen. Andy hatte gerade ausgefressen, also ging ich zu ihm in den Stand und richtete ihn rückwärts heraus, weil es darin einfach zu eng war, als dass ich ihn dort hätte anschirren können.

»Das ist Andy«, sagte ich, als ich ihn langsam rückwärts herausschob.

»Wow«, japste sie. »Ist der groß.«

»Und warum wollen Sie den Job?«, fragte ich so lässig wie möglich.

»Ich brauche mehr Stunden«, war die Antwort, »und zu dieser Jahreszeit komme ich im Fitnessclub nicht zu Extrastunden.« Sie schwieg einen Augenblick. »Ich glaube, ich habe noch nie so ein großes Pferd gesehen.«

»Kommen Sie mit«, lud ich sie ein, als ich in Richtung Sattelkammer ging. Dort hingen säuberlich an großen Haken vier Geschirre. Unter jedem Kumt war ein kleines Schild mit dem entsprechenden Pferdenamen befestigt.

Ich nahm Andys Kumt herunter und ging zurück. Nachdem ich den Anbindestrick ausgehakt hatte, schob ich ihm das Kumt über Kopf und Hals und hakte den Strick anschließend wieder ein. Dabei erklärte ich, wie das Kumt zu liegen hatte und wozu es gut war. Dann ging ich wieder in die Sattelkammer, dicht gefolgt von Anne.

Jedes Geschirr war so aufgehängt, dass man es so einfach wie möglich abhängen und am Pferd wieder befestigen konnte. Zuerst kommt das Hintergeschirr herunter und wird über die Schulter gehängt. Dann hängt man den Bauchgurt ab und legt ihn sich in die Armbeuge. Zum Schluss nimmt man in jede Hand eine der Aufhalterketten, die am Kumt befestigt werden, und zieht sie vom Haken herunter.

Gutes Geschirr für solch große Pferde hat sein Gewicht, oft um die vierzig oder fünfzig Pfund, und alles wird auf einem Arm getragen. Außerdem ist es sperrig und schwierig zu tragen, auch wenn es so gemacht wird, wie ich es gerade beschrieben habe. Der schwierigste Teil ist für die meisten Leute allerdings, das Geschirr aufs Pferd zu bekommen. Zum Glück hatte ich im Laufe der Jahre genügend Pferde angeschirrt und war außerdem groß und stark genug, dass es mir wahrscheinlich leichter fiel als den meisten und ganz sicher leichter als jemandem von Annes Statur.

Ich trug das Geschirr zu Andy hinüber, ließ die Ketten über das Kumt fallen, den Bauchgurt von oben über Rücken und Bauch und das Hintergeschirr über die Kruppe. Dann machte ich mich daran, alle Riemen und Schnallen zu verbinden, die das Geschirr zusammenhielten, und erklärte Anne dabei wieder jedes Detail.

»Okay«, sagte ich und trat von dem nunmehr angeschirrten Andy weg. »Meinen Sie, Sie könnten das auch allein?«

»Ich glaube schon«, nickte Anne. »Scheint mir komplizierter auszusehen, als es wirklich ist.«

Sie hatte Recht. Die meisten Leute, die ein Pferd zum ersten Mal anschirren, sind überwältigt von all den Schnallen, den Haken und dem vielen Leder. Aber wenn man sich ansieht, wie die Einzelteile auf dem Pferd ausgelegt sind und wie sie zusammengehalten werden, ergeben all diese Schnallen, Haken und das viele Leder einen höchst vernünftigen Sinn.

»Okay«, sagte ich. »Ich muss hoch und den Schnee vom Schlitten fegen. Wenn Sie das andere Pferd allein angeschirrt haben, bis ich wieder da bin, haben Sie den Job.«

Vergessen Sie nicht, dass Anne Diamond noch nicht in voller Größe gesehen hatte. Er stand im nächsten Anbindestand, aber dazwischen war eine 1,50 m hohe Trennwand. Dies zusammen mit der Tatsache, dass Anne so konzentriert zugeschaut hatte, als ich Andy anschirrte, sodass sie überhaupt nie richtig zu Diamond hinüber gesehen hatte, brachte mich zu dem Schluss, dass sie ihn sich noch nie wirklich angesehen hatte.

»Klingt gut«, sagte sie und zuckte die Achseln. Damit verließ ich die Scheune und ging den Hügel hinauf zum Schlitten. In der Nacht hatte es ein wenig geschneit, und ich brauchte mir nur einen Besen zu greifen und die dünne Schneeschicht von den Sitzen und dem Schlittenboden zu fegen, was insgesamt nicht mehr als zehn Minuten dauerte.

Ich weiß nicht genau, was ich eigentlich erwartet hatte, als ich zurückkam, aber eines ist sicher – ich hatte bestimmt nicht erwartet, Diamond voll im Geschirr zu finden. Deshalb hatte ich Anne ja den Job versprochen: falls sie es fertigbrachte, ihn allein anzuschirren. Sie können sich also meine Überraschung vorstellen, als ich in die Scheune kam und sah, dass nicht nur das Geschirr auf Diamonds Rücken lag, sondern dass auch sämtliche Schnallen und Haken ordnungsgemäß geschlossen waren.

Anne stand neben dem Belgier, als ich hereinkam, und überprüfte noch einmal ihr Werk.

»Ich musste mich auf einen Eimer stellen«, teilte sie mir mit und wendete sich mir zu, als ich näher kam, »aber ich glaube, es ist alles, wo es hingehört. Sicherheitshalber sollten Sie aber noch mal nachsehen.« Sie drehte sich wieder nach Diamond um. »Er sieht sehr viel größer aus als Andy.«

Ich hielt mein Wort und stellte Anne vom Fleck weg ein. Noch am selben Tag fing sie als meine Assistentin an. Ihr war keine Arbeit zu viel, und sie beklagte sich nicht ein Mal über die langen Stunden oder die oft bittere Kälte, die wir stundenlang ertragen mussten. Nie kam sie zu spät, und nie fragte sie, ob sie früher gehen könne. Außerdem hatte sie einen wunderbaren Sinn für Humor, ein sehr wertvoller Charakterzug, wenn man viel Zeit mit jemandem in Schnee und Kälte verbringen muss.

Mit der Zeit machte Anne ihren Job so gut, dass ich gar nicht anders konnte, als ihren Aufgabenbereich über das Anschirren, die Pferdepflege und die Hilfe bei den Schlittenfahrten hinaus dahingehend zu erweitern, dass sie ab und an auch selbst die Leinen hielt. Wie bei allem, was sie tat, fuhr Anne auch bald den Schlitten, als hätte sie nie etwas anderes gemacht. Sie machte ihre Sache so gut, dass ich ihr mehrmals, wenn wir so ausgelastet waren, dass beide Gespanne mit beiden Schlitten gebraucht wurden, ohne jegliche Bedenken einen Schlitten mit Gespann anvertraute, während ich den anderen fuhr.

Als sich die erste Schlittensaison ihrem Ende zuneigte, fiel mir etwas Interessantes auf. Diamond schien ein Faible für Anne entwickelt zu haben. Jedes Mal, wenn er sie in Richtung Scheune kommen sah, rannte er zu seinem Koppelzaun und wieherte, als hätte er seine lang vermisste Mutter wiedergefunden.

Er lernte sogar, das Geräusch von Annes kleinem gelbem Subaru zu erkennen. Da der Fitnessclub nur etwa hundert Meter von der Scheune entfernt war, parkte sie auf dem Parkplatz bei uns nebenan. An der Art, wie Diamond ihre Ankunft ankündigte, wusste ich immer, wann sie zur Arbeit kam – ob zu den Schlittenfahrten oder im Fitnessclub. Auch wenn es nicht um die Schlittenfahrten ging, machte Anne oft einen Abstecher zu seiner Koppel, nur um ihm kurz über den Kopf zu streichen, was er zu genießen schien.

Die Schlittensaison war zu Ende. Bald würde für die Reitpferde die Sommersaison beginnen, und die Fahrpferde sollten für Fahrten mit dem Heuwagen eingesetzt werden. Nichtsdestotrotz hielt Diamond weiter Ausschau nach Annes Subaru, auch wenn sie immer weniger Zeit im Stall und immer mehr Zeit im Fitnessclub verbrachte.

Der Sommer verging, und es war wieder Zeit für Schlittenfahrten. Den ganzen Sommer über war Diamond klaglos im Geschirr gegangen, sehr geschäftsmäßig und tolerant gegenüber den Gästen, die sich unweigerlich mit ihm fotografieren lassen wollten.

Aber als die Schlittenfahrten wieder anfingen und Anne wieder vorbeikam, veränderte sich sein ganzes Verhalten. Er legte sich so kräftig wie immer ins Geschirr, aber es schien, dass sein Schritt ein wenig freudiger wippte, dass er noch ein wenig mehr Kraft einsetzte und dass er immer ein wenig leichter in der Hand war.

Wieder hatten wir eine sehr geschäftige Saison, und Anne war immer mehr als Fahrerin im Einsatz. Ihre Leinenführung wurde immer besser, und schließlich brachte ich ihr bei, wie man einen Viererzug fährt, wobei sie sich wie gewohnt äußerst anstellig zeigte. Was Diamond betraf, so kündigte er nach wie vor jeden Tag ihre Ankunft auf dem Anwesen an, aber was noch interessanter war: Er begann auch zu melden, wenn sie wegfuhr.

Einige Monate nach dem Ende unserer zweiten Schlittensaison erklärte mir Anne, sie habe eine Anstellung als Lehrerin in einer der lokalen Schulen gefunden und müsse daher ihren Job im Fitnessclub und leider auch den als meine Assistentin aufgeben. Einige Wochen später, nach einer großen Abschiedsparty, verließ Anne die Ranch zum letzten Mal. Wochenlang stand Diamond danach für Stunden in der Ecke seiner Koppel, von der aus er den Parkplatz des Fitnessclubs im Blick hatte. Ein paar Mal hörte er ein Auto, das so ähnlich klang wie Annes Subaru. Dann rannte er zum Zaun und blubberte leise, nur um ein paar Minuten später enttäuscht zu seiner Futterkrippe zurückzukehren.

Als die Schlittensaison wieder anfing, hielt Diamond erneut Wache und beobachtete gespannt den Parkplatz des Fitnessclubs. Aber nach ein paar Wochen kam er anscheinend zu dem Schluss, dass Anne wohl nicht mehr zurückkommen würde, und schien die Hoffnung ein für allemal aufzugeben.

Wie immer verrichtete Diamond die ganze Saison über getreulich seine Arbeit, auch bis in die folgende Sommersaison hinein. Anne schien aus seiner Erinnerung zu verschwinden, und er lief nicht mehr zum Zaun, um nach ihr Ausschau zu halten, und lauschte auch nicht mehr auf Autos, die sich anhörten wie ihres. Auch ich verlor sie allmählich aus den Augen. Das Letzte, was ich von ihr gehört hatte, war, dass sie ihre Stelle als Lehrerin aufgegeben hatte und nun als Arzthelferin in einem Hospital arbeitete.

Es waren wohl einige Jahre vergangen, als ich eines Tages gerade den Wassertrog in Diamonds und Andys Koppel füllte. Plötzlich schoss Diamonds Kopf aus der heugefüllten Krippe hoch und drehte sich in Richtung Fitnessclub. Ein paar Sekunden beobachtete er bewegungslos, die Ohren gespitzt, die Augen starr nach vorn gerichtet. Dann trabte er, leicht in den Gelenken federnd, langsam zum Zaun. Etwa auf halbem Weg wieherte er laut und schüttelte drei, vier Mal den Kopf. Als er am Zaun ankam, wieherte er erneut und schüttelte wieder den Kopf.

Ein paar Augenblicke später kam Anne den Weg entlang. »Hey, Großer!«, rief sie.

Diamond wieherte, schüttelte wieder den Kopf, trabte einen kleinen Kreis und kehrte sofort wieder zum Zaun zurück.

Ich drehte das Wasser ab, während Anne näher kam. Als sie den Zaun erreichte, hängte Diamond seinen massiven Schädel über die oberste der drei Zaunstangen, und Anne hob die Hand und streichelte ihn zwischen den Augen.

»Ich glaube, er hat dich vermisst«, sagte ich und nahm sie in den Arm.

»Ich vermisse ihn auch«, sagte sie, einen Arm um mich geschlungen und gleichzeitig Diamond die Stirn streichelnd.

Anne blieb etwa eine Stunde bei uns im Stall. Wir brachten uns gegenseitig auf den neuesten Stand der Dinge, erzählten ein paar Witze und schwelgten in Erinnerungen an unsere Zeit auf dem Pferdeschlitten. Nur zu bald musste sie wieder gehen, und wie in alten Zeiten schickte ihr Diamond ein lautes Abschiedswiehern hinterher, als ihre Rücklichter den Fahrweg hinunter verschwanden.

Es ist schon sehr, sehr lange her, dass ich auf dieser Gäste-Ranch gearbeitet habe, und als ich neulich ein paar alte Fotos ansah, fand ich eines, das ich fast vergessen hatte. Es ist eine Nahaufnahme von Diamond, wie er mit gesenktem Kopf und halb geschlossenen Augen neben Anne steht, die den Arm hebt und ihm den Hals klopft. Auf dem Foto sieht Diamonds Kopf so groß aus wie die ganze Anne, und die Weichheit, die aus diesem Bild spricht, ist unmissverständlich.

Ich habe gelernt, dass Pferde nichts vergessen, was ihnen wichtig ist. Wäre ich im Wettgeschäft, würde ich wetten, dass dieses Riesenross keinerlei Schwierigkeiten hat, sich an das kleine Mädchen zu erinnern, dass vor so vielen Jahren eines Tages einfach so im Stall auftauchte – die Kleine, der er netterweise erlaubte, sich auf einen Eimer zu stellen und ihm ungeschickt das Geschirr über den Rücken zu werfen. Der er half, einen Job zu finden – und die er ohne Zweifel als seine Freundin betrachtete.

Stubenrein

Die besten Lehrer sind nicht immer die auf zwei Beinen

Den Großteil des Morgens hatte ich damit verbracht, Pfosten für einen Koppelzaun in den Boden zu schlagen. Es war ungefähr Mittagszeit, und ich dachte, ich könnte eine Pause einlegen und mir im Haus etwas zu essen besorgen, bevor ich begann, die Drähte einzuziehen. Als ich in die Küche kam, war Wendy bereits da und baute mir ein Schinkenbrot zusammen.

»Wie läuft's mit dem Zaun?«, fragte sie und stellte den Teller auf die Theke, die die Küche vom Esszimmer trennte.

»Ganz gut«, sagte ich. »Wahrscheinlich werde ich mit den Drähten bis heute Abend so ziemlich fertig.«

Ich nahm den Hut ab, zog den Mantel aus und hängte beides über einen der Esszimmerstühle.

»Danke für das Sandwich«, sagte ich zu ihr und setzte mich an die Theke.

Unsere Zeitpläne stimmten tagsüber selten überein, sodass ich mittags meistens für mich selbst sorgte und meine Mittagspause ohne die Gesellschaft meiner Frau verbrachte. Es war deshalb eine angenehme Überraschung, dass Wendy zu Hause war und sich die Zeit nahm, mir ein belegtes Brot zu machen.

»Und wie läuft's bei dir?«, fragte ich und biss in mein Brot.

»Ganz gut«, antwortete sie, goss mir ein Glas Wasser ein und stellte es neben meinem Teller auf die Theke. »Ich bin mit der Büroarbeit fast fertig.«

Sie ging zurück zum Kühlschrank und nahm einen Plastikbehälter mit Spagettiresten vom Vorabend heraus.

»Ich habe heute Morgen Radio gehört«, sagte sie, nahm den Deckel von dem Behälter und fischte mit einer Gabel ein paar Spagetti heraus, die sie auf einen Teller drapierte.

»Du weißt schon, um zehn oder so bringen sie immer diese Tiersendung.«

»Nö«, sagte ich. Mir begann aufzugehen, warum unsere Zeitpläne heute gerade um Mittag zusammengefallen waren. »Ich habe nicht gewusst, dass sie überhaupt eine Tiersendung haben.«

»Na ja«, sagte sie und schob ihren Teller in die Mikrowelle. »Es gibt eine. Und heute haben sie ein Heim für diesen Welpen gesucht, einen Mix aus Border Collie und Australian Shepherd.« Die Knöpfe an der Mikrowelle piepten, als sie sie drückte und die Maschine zu arbeiten begann.

»Hört sich nach einem wirklich netten kleinen Hund an. Anscheinend hat ihn jemand in der Stadt ausgesetzt, und sie haben ihn jetzt schon ein paar Wochen.«

»Aha«, sagte ich. Mir schwante allmählich, wohin dies alles führen sollte.

»Was hältst du davon, wenn wir mal hingehen und ihn uns ansehen?«

»Ich halte das für keine so gute Idee«, sagte ich nach kurzer Pause und kurzem Überlegen. »Wir brauchen im Augenblick nicht noch einen Hund.«

Während der kurzen Pause hatte ich nur daran denken können, dass wir bereits zwei Hunde hatten, Sadie und Patch, beide erwachsen und gut ans Haus und an ihre Arbeit gewöhnt. Es wurde gerade Frühling, die Zeit, in der auf der Ranch die meiste Arbeit anfiel, und da mir jeweils der Hauptteil am Hundetraining zufiel, dachte ich, dass ich gerade jetzt nicht die Zeit hätte, die ich für einen Welpen brauchen würde.

»Ich weiß, dass wir keinen brauchen«, war die Antwort. »Aber es wäre vielleicht nett, einen zu haben.«

»Das glaube ich eben nicht«, sagte ich, mit etwas mehr Gefühl. »Jedenfalls nicht gerade jetzt.«

Ein paar Sekunden war Wendy still.

»Wahrscheinlich hast du Recht«, stimmte sie zu, obwohl ich wusste, dass sie anderer Meinung war. »Sie finden sicher noch ein gutes Zuhause für ihn.«

»Sicher.«

Zwei Tage vergingen, ohne dass der Welpe wieder erwähnt wurde. Aber am dritten Tag kam ich zum Abendessen nach Hause und ging ins Büro, wo Wendy gerade ihre Arbeit beendete. Ohne vom Computer hochzuschauen, sagte sie: »Dieser Welpe war wieder im Tierbericht. Vielleicht sollten wir ihn uns doch ansehen.«

»Wir brauchen jetzt gerade keinen neuen Hund«, sagte ich in dem Versuch, fest zu bleiben.

»Ich weiß«, sagte sie, drehte sich mir zu und sah mich an. »Aber ich habe das Gefühl, dass er da sitzt und nach mir ruft.«

Darüber musste ich eine Minute nachdenken. Wendy und ich waren schon lange zusammen, und in all dieser Zeit hatte sie nie etwas Ähnliches geäußert. Ehrlich gesagt war ich nicht sicher, ob sie mich auf den Arm nahm oder nicht.

Eines allerdings wusste ich: Falls es ihr Ernst war, musste ich meine nächsten Worten sehr sorgfältig wählen.

»Schön«, sagte ich nach ein paar Sekunden Stillschweigen. »Wie wär's damit? Morgen ist Freitag. Wenn der Welpe morgen noch in der Sendung ist, rufst du sie an, und wir fahren am Samstag hin und sehen ihn uns an. Aber wenn er nach zu viel Arbeit aussieht, müssen wir ihn leider dort lassen.«

Ich hatte keine Ahnung, was ich mit einem Welpen meinte, der »nach zu viel Arbeit aussehen« könnte. Mann, alle Welpen machen eine Menge Arbeit. Vermutlich griff ich einfach nach ein paar Strohhalmen, versuchte mir einen Ausweg frei zu halten, ihn dort lassen zu können – obwohl ich nur zu gut wusste, dass es sowieso nicht funktionieren würde.

Wendy hörte sich am nächsten Tag die Tiersendung an, und der Welpe war immer noch da. Wie ich versprochen hatte, fuhren wir am nächsten Tag hin, um ihn uns anzusehen. Es war ganz interessant. Als wir ins Wartezimmer des Tierarztes kamen, wo die Hunde vermittelt wurden, fing die Dame am Empfang an, von dem Welpen zu erzählen.

»Er ist wirklich ein süßer kleiner Kerl«, sagte sie, »aber er ist auch ein richtiges Energiebündel. Wenn wir ihn ließen, würde er den ganzen Tag da draußen herumtoben.«

»Wir kennen uns mit Hütehunden aus«, lächelte ich.

»Okay«, meinte sie, als ob sie uns vor dem Kleinen Tasmanischen Teufel warnen wollte, den sie gleich herbringen würde. »Ich wollte Ihnen nur eine Überraschung ersparen.«

Sie ging ins Hinterzimmer und erschien nach ein paar Minuten wieder mit diesem kleinen schwarzen Welpen an der Leine, der fröhlich vor ihr herumhopste. Er hatte diese weiße Border-Collie-Decke über den Schultern und etwas Weiß an den Läufen. Er war etwas älter, als ich erwartet hatte, vielleicht sechs Monate, und irgendwann in seinem kurzen Leben hatte jemand ihm die Rute kupiert. Das hinderte ihn nicht daran, wenigstens zu versuchen, mit dem Stummel zu wedeln, und als er hereingeschossen kam, wackelte vor Begeisterung, dass jemand gekommen war, um ihm Hallo zu sagen, sein ganzer Körper nur so vor und zurück. Wendy kniete sich sofort hin, und der Kleine rannte zu ihr hin und leckte ihr das Gesicht.

»Sehen Sie, was ich mit »Energiebündel« gemeint habe?«, fragte die Dame, etwas verlegen wegen des Benehmens des Hundebabys.

»Wie viel Auslauf bekommt er?«, fragte ich.

»Etwa eine Stunde am Tag«, sagte sie. »Sonst ist er im Zwinger.«

Nicht annähernd genug Auslauf für einen Hütehund wie diesen, dachte ich. Kein Wunder, dass es ihn schier zerreißt.

»Oh, er ist nicht so schlimm«, sagte Wendy lächelnd. »Er freut sich nur so, dass jemand zu ihm kommt.«

Sie hatte Recht. Der kleine Kerl war am Verrücktwerden in dem kleinen Käfig, in dem sie ihn hielten. Außerdem, dachte ich, würde es das Training vielleicht erleichtern, dass er schon etwas älter war – falls sich nicht sowieso schon jemand mit ihm beschäftigt hatte.

Nach ein paar Minuten war klar, dass er ein wirklich sehr netter kleiner Hund war, und Wendy sah mich fragend an.

»Falls wir ihn nehmen«, sagte ich, während ich mich hinkniete und ihn zu streicheln begann, »und sich herausstellt, dass es nicht funktioniert – können wir ihn dann zurückbringen?«

»Natürlich«, war die Antwort.

»Ist er stubenrein?«, fragte ich.

»Das können wir nicht genau sagen«, antwortete sie, fast als hoffte sie, die Vermittlung würde nicht daran scheitern.

»Ich glaube, er ist okay.« Wendy lächelte. »Wie ist er mit Kindern und anderen Hunden?«

»Soweit wir wissen, verträgt er sich mit beiden gut. Wenn er hier draußen ist, spielt er mit allen anderen Hunden, und es waren ein paar Familien mit Kindern hier, die ihn sich angesehen haben, und er war absolut gutmütig, auch mit den Allerkleinsten.«

Mehr brauchte Wendy nicht zu wissen. Schon hatten wir den Burschen im Pickup und waren auf dem Rückweg zur Ranch.

Später an diesem Morgen stellten wir den Welpen, den wir Bill getauft hatten, unseren anderen beiden Hunden vor. Sadie, unsere ältere Hündin, war zwar freundlich zu ihm, ließ aber durchblicken, dass sie ihn zwar einstweilen dulden würde, aber auch nichts dagegen hätte, wenn wir ihn dorthin zurückbrächten, wo er hergekommen war. Patch dagegen fand Bill so ungefähr das Niedlichste, Ulkigste, was sie je gesehen hatte und nahm ihn auf der Stelle unter ihre Fittiche.

Für den Rest des Tages folgte Bill Patch auf den Fersen, und wo Bill hinging, war Patch nicht weit. Es war fast, als ob Patch wüsste, dass Bill einige überschüssige Energie loswerden musste, und es als ihre Aufgabe betrachtete, ihm dabei zu helfen. Die beiden spielten fast vier Stunden lang ohne Pause miteinander. Und wenn Patch nicht mit Bill spielte, dann eines der Kinder oder auch mehrere. Am frühen Nachmittag war der übermütige Welpe, den wir beim Tierarzt gesehen hatten, mehr als bereit für ein ausgiebiges Schläfchen, wozu er sich einfach im Hinterhof unter einen Baum fallen ließ.

Nachdem Bill etwas von dem Dampf, der sich während seiner Zeit im Tierheim angesammelt hatte, abgelassen hatte, kam allmählich seine wahre Natur zum Vorschein. Er war wirklich ein sehr guter Hund, der sich große Mühe gab, mit jedem, mit dem er in Berührung kam, gut auszukommen, ob es nun einer der anderen Hunde war, eines der Kinder oder Wendy oder ich. Vermutlich war es diese Willigkeit, die er gleich von Anfang an zeigte, die uns zu dem Entschluss brachte, ihn endgültig bei uns aufzunehmen.

Das einzige »Training«, das wir Bill an diesem Tag zuteil werden ließen, bestand darin, dass wir ihm seinen Namen beibrachten. Ansonsten sollte er nur ein Gefühl dafür entwickeln, wer wir waren und wo er war. Unsere Hunde waren fast den ganzen Tag draußen, entweder mit mir auf der Ranch oder in unserem großen geschlossenen Hinterhof. Nachts dagegen waren sie im Haus. Am Abend dieses seines ersten Tages bei uns war Bill jedenfalls offensichtlich sehr müde.

Als es dunkel wurde, brachten wir ihn mit den anderen Hunden ins Haus, wo sie meistens herumlungerten, bis es Zeit zum Schlafengehen war. Wie jeden Abend ließen wir die Hunde vorher ein letztes Mal hinaus. Normalerweise konnten Sadie und Patch sich frei im Haus bewegen, wenn wir zu Bett gegangen waren. Beide waren natürlich stubenrein, und wir wussten, wir brauchten uns bei beiden keine Gedanken wegen möglicher »Unfälle« zu machen. Wir hatten jedoch im Verlauf des Abends bereits feststellen müssen, dass Bill nicht stubenrein war, und so beschlossen wir, ihn nicht mit den anderen Hunden frei herumlaufen zu lassen, wo er womöglich den Teppich ruinieren würde, sondern ihn in der Küche einzusperren, wo Unfälle leichter zu beseitigen waren. Wir errichteten eine kleine Barrikade und sperrten Patch zur Gesellschaft mit ihm ein. Als wir sicher waren, dass er nicht auskommen konnte, gingen wir zu Bett.

Vorgehabt hatte ich, einmal in der Nacht aufzustehen und den Kleinen hinauszulassen in der Hoffnung, somit weitere Unfälle zu verhindern, aber unglücklicherweise war ich so müde, dass ich den kleinen Plan glatt verschlief. Als wir am Morgen aufstanden und zur Küche gingen, wartete auf uns etwas, was man nur mit »Welpen-Hinterlassenschaften-Katastrophengebiet« bezeichnen konnte.

Als wir um die Ecke kamen, sahen wir Patch auf dem augenscheinlich letzten sauberen Fleckchen Küchenboden sitzen. Ihr Gesichtsausdruck sagte klar und deutlich, dass nicht sie für die Schweinerei verantwortlich war. Als wir über die Behelfsbarriere schauten, sah Patch auf die Schweinerei, dann auf den Welpen und dann wieder zurück zu uns. Das machte sie mehrmals, als ob sie sagen wollte: Ihr wisst doch sicher, dass er das war, oder? Der Welpe drückte sich übrigens so dicht wie möglich an die Tür nach draußen, die Ohren flach angelegt, die Augen unaussprechlich traurig und starr auf den Türknauf gerichtet.

Wir ließen alle drei Hunde hinaus, machten die Küche sauber und gingen unserer üblichen Arbeit nach. In der Nacht sperrten wir Patch und Bill wieder in die Küche und bauten unsere Behelfsbarrikade auf. Am nächsten Morgen standen wir auf und erwarteten, das gleiche Katastrophengebiet wie am Tag zuvor vorzufinden, aber zu unserer Überraschung begrüßten uns beide, Patch wie Bill, an der Barrikade mit erhobenen Köpfen und fröhlich wedelnd.

Nichts von Katastrophen in der Küche, nicht an diesem Morgen und auch an keinem anderen jemals wieder.

Irgendwie – und ohne dass wir jemals mit ihm daran gearbeitet hatten – war Bill wunderbarerweise stubenrein geworden, und zwar buchstäblich über Nacht. Die Einzige, die bei ihm war, war unsere Hündin Patch.

Nun sagt uns wohl der gesunde Menschenverstand, dass Bill wahrscheinlich, jedenfalls bis zu einem gewissen Grad, bereits stubenrein gewesen sein musste, als wir ihn bekamen, und die Aufregung seines ersten Tages bei uns einfach zu viel war für den kleinen Kerl. Und na gut, Unfälle kommen eben vor.

Andererseits besteht eben doch die Möglichkeit, dass er nicht stubenrein war und es tatsächlich Patch war, die ihm irgendwie die Feinheiten beibrachte, die einen Haushund ausmachen. Wir werden es wohl nie genau wissen.

Eines aber möchte ich sagen. Seit der Zeit, als Bill ein Welpe war, haben wir noch weitere drei kleine Border-Collie-Welpen aufgezogen. Und weiß der Himmel: Falls es Patch war, die bei Bills Erziehung zur Stubenreinheit die Hand im Spiel hatte, wüsste ich nur gern, worin ihr Geheimnis bestand.

Das Falbfohlen

Was wir jetzt nicht tun, müssen wir später büßen

Vor einiger Zeit, als Wendy und ich noch auf der Gäste-Ranch waren, stiegen wir ins Zuchtgeschäft ein, wahrscheinlich in der Hoffnung, irgendwann einmal damit ein bisschen Geld zu verdienen. Wirklich interessiert waren wir damals aber nicht daran. Es war hauptsächlich dazu gut, uns von einem Jahr zum anderen qualitätsvolle Pferde zu sichern, anstatt jeweils Ersatz kaufen zu müssen, wobei wir nie wussten, woher genau die Pferde kamen und welche Macken sie mitbringen würden.

Ich kaufte ein paar gute, bewährte Quarter-Horse-Zuchtstuten von einem Freund in Minnesota und einen älteren Hengst mit guter Abstammung von meinem Kumpel Dwight, und begann Fohlen zu züchten, die allmählich zu wirklich netten, brauchbaren Pferden heranwuchsen.

Wir machten mit dem Zuchtprogramm auch weiter, nachdem wir die Ranch verlassen hatten, und zogen im Jahr zwischen zwei und vier Pferdebabys groß. Da wir immer denselben Hengst und dieselben

Stuten benutzten, bekamen wir immer Fohlen von gutem Charakter, leistungsbereit, starkknochig und einfach im Umgang.

Allerdings blieb die Arbeit im Verlauf der Jahre, als ich immer mehr Zeit auf Reisen verbrachte, mehr und mehr an Wendy hängen. Das bedeutete, dass sie sich nicht nur um den Hengst, die Zuchtstuten und alle übrigen Pferde kümmern musste, sondern auch noch einen Haushalt führen, drei Kinder großziehen, Teilzeit in der Kirche arbeiten und auf freiwilliger Basis als Koordinator an der Schule unserer Kinder tätig sein musste. Uns wurde klar, dass wir mit der Pferdzucht aufhören mussten, weil keiner von uns die notwendige Zeit dafür hatte.

Als wir diese Entscheidung trafen, hatten wir bereits drei unserer vier Stuten decken lassen, und wir beschlossen, die Stuten nicht zu verkaufen, bevor sie abgefohlt hatten – für den Fall, dass eines der Fohlen so toll ausfallen würde, dass wir es unbedingt behalten wollten. Den Hengst dagegen verkauften wir schon einmal, damit wir nicht in Versuchung kommen konnten, unsere Meinung zu ändern. Dann lehnten wir uns zurück und warteten auf unseren letzten Fohlenjahrgang.

Wir hatten insofern Glück, als alle drei Stuten ungefähr um die gleiche Zeit abfohlten. Shiloh, die Erste, bekam in der Nacht zum Montag ein wirklich hübsches Dunkelfuchsstütchen. Zwei Nächte später brachten Medora und Ellie ihre Fohlen zur Welt, Medora einen kleinen braunen Hengst und Ellie einen Falben.

Das Stutfohlen und das braune Hengstfohlen waren so ziemlich das, was wir von diesen beiden Mutterstuten erwartet hatten – ausgeglichene, gesunde Fohlen mit gutem Charakter und ohne Probleme im Umgang. Dieses Falbfohlen von Ellie – das allerdings war eine andere Geschichte.

Beinahe vom ersten Augenblick an konnten wir sehen, dass mit Ellies Fohlen etwas nicht stimmte. Als Erstes fiel uns auf, dass ihm immer Milch aus den Nüstern lief, wenn es trank. Das ist gewöhnlich ein Zeichen dafür, dass das Pferdebaby eine Gaumenspalte hat – die Milch tritt durch einen Spalt im oberen Gaumen in die Nasenhöhle. Als das Fohlen ein paar Wochen alt war, kam der Tierarzt zu einer Routineuntersuchung vorbei und bestätigte unseren Verdacht.

Eine Gaumenspalte kann man operativ beheben, aber wir zögerten mit der Entscheidung. Was uns zögern ließ und uns noch mehr Sorgen machte als die Gaumenspalte, war das seltsame Verhalten des Fohlens gegenüber Menschen. Bisher hatten alle drei Stuten immer sehr sanfte und gutmütige Babys geworfen, und die ersten beiden dieses Jahrgangs entsprachen dem auch voll und ganz. Nur das Falbfohlen schien weit entfernt von sanft oder gutmütig zu sein.

Es geriet in Panik, als es uns zum ersten Mal sah, und das blieb so, sobald es eines menschlichen Wesens ansichtig wurde, und zwar so sehr, dass es oft blindlings gegen die Wand rannte, wenn einer von uns in die Box schaute, in der es sich mit seiner Mutter befand. Wollten wir uns ihm nähern, fiel es vor lauter Panik, möglichst weit von uns wegzukommen, fast auf den Rücken.

Als wir am Tag seiner Geburt endlich Hand an den kleinen Hengst legen konnten, kämpfte er derartig besessen, dass ich dachte, er würde entweder sich selbst oder einen von uns dabei umbringen. Er wurde schließlich ruhiger, aber mehr aus schierer Erschöpfung als aus irgendeiner Art von Verständnis dessen, was wir von ihm wollten. So schlimm dieses Verhalten war, ich wusste, wir mussten ihn so schnell wie möglich wenigstens einigermaßen in den Griff bekommen, damit Hufschmied und Tierarzt – und wir selbst – halbwegs mit ihm umgehen konnten.

Deshalb arbeitete ich die nächsten paar Wochen mit ihm, wann immer ich konnte, und ich versuchte mein Möglichstes, um den

Angstpegel niedrig zu halten. Leider waren meine Versuche trotz aller Mühe nicht sehr erfolgreich. Er ließ sich zwar aufhalftern (wenn man es schaffte, nahe genug an ihn heranzukommen) und bis zu einem gewissen Grad auch führen, aber keines von beidem war wirklich prickelnd. Immer noch neigte er aus heiterem Himmel heraus zu Panikattacken und krachte beim Versuch, von Ungeheuern, die nur er sehen konnte, wegzukommen, in Wände und Gegenstände.

Sein Verhalten verblüffte mich natürlich, aber ich glaube, Wendy fasste es am besten in Worte. »Weißt du«, sagte sie eines Tages zu mir, »die Art, wie dieses Fohlen sich benimmt, ist schlicht und einfach Furcht erregend.« Und damit hatte sie Recht.

Die anderen beiden Fohlen entwickelten sich prächtig. Sie ließen sich fangen und aufhalftern, lernten schnell und problemlos, sich führen zu lassen, ließen sich die Hufe anheben und gingen anstandslos in den Transporter und wieder heraus. Tierarzt und Hufschmied hatten keine Probleme mit ihnen, und sie kamen miteinander und mit uns gut aus. Nicht so das Falbfohlen. Es war schreckhaft und unberechenbar, zitterte unkontrollierbar, wenn sich jemand mit ihm befasste, und wollte außer mit seiner Mom mit niemandem etwas zu tun haben.

Er kapierte nie wirklich, um was es beim Führen ging, und um ihm auf die Sprünge zu helfen, nahm ich ihn als Handpferd mit, während ich Ellie ritt. Schnell stellte sich heraus, dass er ihr problemlos folgte und von mir auf ihrem Rücken überhaupt keine Notiz nahm. Nachdem ich ihn mehrmals vom Rücken seiner Mutter aus geführt und dann versucht hatte, ihn wieder vom Boden aus oder vom Rücken eines anderen Pferdes zu führen, war klar, dass der Groschen bei ihm noch immer nicht gefallen war.

Ich muss zugeben, dass ich mit der Zeit mehr und mehr zu dem Schluss kam, dass wir dieses Fohlen wohl nicht behalten würden. Angesichts seines unberechenbaren und gefährlichen Charakters dachte ich sogar ernsthaft darüber nach, es einschläfern zu lassen.

Als ich mich mit dem Tierarzt über das Verhalten des Fohlens unterhielt, bemerkte er, die Gaumenspalte sei womöglich nicht der einzige Geburtsfehler gewesen. Vielleicht sei auch sein Hirn in irgendeiner Form geschädigt worden. In einer Großtierklinik sagte man mir, ein derartiger Hirnschaden trete bei Fohlen zwar nicht häufig auf, sei aber auch nicht ungewöhnlich und könne sicherlich die Ursache des Problems sein.

Trotzdem fiel mir der Gedanke, ein körperlich gesundes Fohlen einschläfern zu lassen, nicht leicht, und so schob ich ihn einige Wochen von mir weg. Ich hörte auch auf, mit dem kleinen Burschen zu arbeiten, weil es für uns beide nichts als Stress bedeutete. Ehe ich mich versah, waren einige Monate vergangen, und es war Zeit, die Herde auf die Winterweide zu bringen.

Wendy und ich beschlossen, das Fohlen mit allen anderen Pferden auf die Weide zu stellen und abzuwarten, was geschah. Wir hofften, es würde seinen Gefühlen uns gegenüber gut tun, wenn er eine Zeitlang weg von Menschen war, und außerdem war es tatsächlich das Einzige, was wir bei unseren Versuchen, ihm zu helfen, noch nicht probiert hatten. Wir beschlossen aber auch, dass wir ihn wahrscheinlich würden einschläfern müssen, wenn sich bis zum nächsten Frühjahr keine Verbesserung zeigte.

Also ging das Falbfohlen mit dem Rest unserer Herde, 18 Pferden im Alter von wenigen Monaten bis zu 19 Jahren, auf die Weide. Ein oder zwei Mal pro Woche fuhren Wendy und ich die 50 Kilometer zu ihnen hinaus, um nach ihnen zu sehen. Wir legten immer Wert darauf, nahe an jedes Pferd heranzukommen, um sicher zu gehen, dass keines sich irgendwie verletzt hatte. Selten fanden wir dabei etwas, denn die meisten Pferde in unserer Herde waren schon einige Jahre zusammen und hatten schon längst ihre Rangordnung etabliert. Sie hatten massenhaft Gras und genügend Wasser zur Verfügung, und so herrschte auf der Weide meist tiefer Frieden.

Gehofft hatten wir, dass der Aufenthalt auf der Weide, weg von Menschen, dem Fohlen helfen würde, sich zu beruhigen und uns leichter zu akzeptieren, aber nach zwei Monaten war immer noch keinerlei Verbesserung zu erkennen. Wenn überhaupt diente ihm die weitläufige Koppel höchstens dazu, uns möglichst weit aus dem Weg zu gehen, sobald wir die Weide betraten, obwohl seine Mutter oft die Erste war, die zu uns herkam, wenn wir unseren »Tast-Check« an den Pferden vornahmen.

Trotzdem war ich noch nicht bereit, das Handtuch zu werfen. Immer mal wieder machte ich den Versuch, näher an das Fohlen heranzukommen, und manchmal ließ es mich tatsächlich bis auf etwa einen Meter heran, selten aber noch näher. Der Bursche wuchs trotz seiner Gaumenspalte. Die weiße Kruste an Maul und Nüstern, die von der Stutenmilch stammte, nahm nun einen grünlichen Ton an. Offenbar verfing sich etwas von dem Gras, das er nun fraß, in der Höhlung im Gaumen und wurde von dort aus den Nüstern wieder ausgestoßen – kein besonders hübscher Anblick.

Um die Januarmitte fuhr ich einmal allein hinaus, um nach dem Pferden zu sehen. Ich fuhr durch das Tor im Osten und konnte nicht ein einziges Pferd entdecken. Das war nicht ungewöhnlich, stand der Herde doch die gesamte Fläche von 32 Hektar zur Verfügung, und sie hielten sich oft außer Sichtweite am westlichen Ende auf. Ich fuhr den Feldweg entlang und traf nach ein paar hundert Metern auf Ellie, die ganz für sich allein graste. Es kam mir ein wenig seltsam vor, dass sie ganz allein war, aber ich fuhr weiter nach Westen.

Der Feldweg führte an dem südlichen Bewässerungsgraben entlang, der das ganze Jahr voller Wasser und die hauptsächliche Tränkemöglichkeit für die Pferde war. Das Ufer war zwischen einem und ca. drei Meter hoch und nur an wenigen Stellen so abgeflacht, dass die Pferde das Wasser gut erreichen konnten, einmal in der Mitte der Weide und einmal am Westrand.

Eine Menge Enten überwinterten in dem Graben, und sie flogen oft unerwartet auf, ließen das Wasser spritzen und machten einen Höllenlärm, wenn ich vorbeifuhr. Meine Aufmerksamkeit war auf Ellie gerichtet, die vielleicht 200 Meter rechts von mir graste, aber aus dem Augenwinkel sah ich links von mir etwas, das ich für auffliegende Enten hielt. Auf jeden Fall spritzte dort Wasser auf, aber das Ufer war dort so steil, dass ich nicht in den Graben hineinsehen konnte, und ich dachte nicht groß darüber nach.

Ich fuhr weiter, und kurz nach der Mitte der Weide traf ich auf die friedlich grasende Herde. Wie immer zählte ich kurz durch und stellte fest, dass ein Pferd fehlte, auch wenn ich Ellie dazurechnete. Ich zählte noch einmal, aber es fehlte immer noch eines.

Ich fuhr zum Westrand der Weide, weil ich dachte, ein Pferd wäre vielleicht dorthin zur Tränke gegangen, aber das war nicht der Fall. Ich fuhr zurück zur Herde und zählte erneut, mit dem gleichen Ergebnis. Als ich die Pferde nach Fellfarben sortierte, merkte ich, welches Pferd fehlte – Ellies Falbfohlen.

Anfangs war ich nicht besonders beunruhigt. Ich dachte, der Kleine sei einfach weggewandert und hielte sich in den Weiden versteckt, die spärlich zu beiden Seiten des Grabens wuchsen. Aber dann fielen mir Ellie ein, die ganz allein gewesen war, und das spritzende Wasser im Graben.

Schnell fuhr ich in östlicher Richtung am Graben entlang, bis ich in der Nähe von Ellie war. Ich hielt an und stieg aus, um mir den Graben genauer anzusehen, wobei ich mich auf die Gegend konzentrierte, aus der in etwa das Geplansche gekommen war. Zuerst sah und hörte ich nichts Ungewöhnliches, ging aber weiter am Graben entlang. Ich ging um eine Kurve, und da war er. Das Falbfohlen war so ungefähr an der schlimmsten möglichen Stelle in den Graben gefallen.

Beide Uferseiten waren bei weitem die steilsten der ganzen Gegend. Zu meinen Füßen fiel ein Abhang fast drei Meter hinunter bis zum Grabenrand, der fast einen Meter hoch praktisch senkrecht das Wasser säumte. Dieser Steilrand machte es dem Fohlen unmöglich, sich wieder an Land zu ziehen. Und das Wasser war hier besonders tief, fast eineinhalb Meter – tief genug, um den Rücken des Fohlens zu überspülen, aber nicht tief genug für den Kopf.

Einige Meter von der Stelle wurde das Wasser zu beiden Seiten erheblich seichter und die Ufer fielen weniger steil ab. Leicht würde es auch dort nicht sein, aber es müsste dem Fohlen möglich sein, dort hinauszuklettern.

Allerdings befand sich das Fohlen in echten Schwierigkeiten. Es war durch die dünne Eisdecke gebrochen, die das Wasser an dieser Stelle bedeckte, und das eiskalte Wasser zehrte an seinen Kräften. Trotzdem musste ich ihm zugestehen, dass er, so durchgefroren und schwach er auch war, jedenfalls darum kämpfte, einen Ausweg zu finden.

Es ist seltsam, wie der Geist arbeitet angesichts einer Situation wie dieser. Mein erster Impuls war, zurück zum Pickup zu gehen, mein Gewehr zu holen und ihn von seinem Elend zu erlösen – besonders angesichts der Tatsache, dass wir sowieso schon in diese Richtung gedacht hatten.

Aber dann wurde dieser Impuls verdrängt von etwas anderem – etwas, das einem sagt, dass es einen Grund geben müsse für das, was da geschieht. Es gab einen Grund dafür, warum er an gerade dieser Stelle, wo er unmöglich allein herauskommen konnte, in den Graben gefallen war. Es gab einen Grund, warum ich an diesem Tag allein hinausgefahren war, und einen Grund, warum ich ihn gefunden hatte, bevor er entweder erfroren oder ertrunken war. Eine Minute lang bedachte ich das Problem und beobachtete den armen kleinen Kerl, wie er sich im Wasser abstrampelte; dann ging ich zurück zum Pickup und holte mein Seil.

Der Grabenrand war einfach zu steil, und so machte ich eine Schlaufe ins Seil und warf sie ihm von oben herunter über den Kopf und um den Hals. Meine Hoffnung war, ihn in seichteres Wasser zu bugsieren, wo er mit den Füßen Halt finden und das Ufer empor klettern konnte. Der Plan war gut und hätte mit jedem anderen unserer Fohlen wohl auch funktioniert, nicht aber mit diesem, wie sich schnell herausstellte.

Offenbar war meine Einschätzung, das Fohlen sei erschöpft und halb erfroren, ein Irrtum gewesen. Das wurde mir klar, sobald ich das Seil spannte. Obwohl ich mich langsam bewegt hatte, um ihn möglichst wenig zu erschrecken, begann er um sich zu dreschen und sich gegen das Seil zu wehren. Ich hatte damals nur ein Zehn-Meter-Seil dabei, und ich kann Ihnen sagen, bei dem, was der Bursche hier aufführte, hatte ich ziemlich schnell das Ende des Seils in der Hand.

Ich wurde die Böschung hinunter in Richtung Wasser gezogen. Eine falsche Bewegung, und ich würde im Wasser liegen. Aber wenn ich das Seil fahren ließ, würde das Fohlen es mit Sicherheit ins Wasser ziehen und mir damit jede Möglichkeit nehmen, es aus dieser Bredouille zu befreien.

Eines war sicher: Ich hatte nicht die Absicht, neben diesem Fohlen im Wasser zu landen. So, wie es um sich schlug (und einmal ganz davon abgesehen, dass es Menschen sowieso nicht besonders mochte), hätten die Chancen, dass einer von uns lebend davonkam, nicht besonders gut gestanden.

Also stemmte ich die Absätze ein, so gut ich konnte, und versuchte die ersten paar Minuten nur, mich nicht ins Wasser ziehen zu lassen.

Währenddessen warf sich das Fohlen immer wieder mit aller Macht nach hinten und geriet dadurch immer weiter ins tiefe Wasser. Nach einigen Minuten ließ es ein wenig nach, vor Erschöpfung oder vor Angst, und ich dachte, dies wäre meine Gelegenheit, es etwas näher zu mir her zu bringen. Ich holte den Burschen langsam ein, wie einen großen Fisch, und er trieb sozusagen auf mich zu.

Alles lief prima, bis er in der Nähe des Ufers Bodenberührung bekam. Im selben Augenblick begann er sich wieder heftig nach hinten und zurück ins tiefe Wasser zu werfen. Dieses Spiel spielten wir die nächsten 45 Minuten immer und immer wieder.

In dieser Zeit tat ich alles, um auf der Böschung zu bleiben, die so steil war, dass ich fast nicht stehen, geschweige denn manövrieren oder auch nur das Seil wirkungsvoll einsetzen konnte. Meine Möglichkeiten, dem Fohlen zu helfen, waren extrem begrenzt, und ich beschränkte mich notgedrungen darauf, seinen Kopf über Wasser zu halten, damit es wenigstens nicht ertrank.

Ich hatte sicherlich nicht dieselbe Art von körperlichem Trauma durchzustehen, die das Fohlen erlebte, aber ich hatte trotzdem meine eigenen Probleme. Weil die Böschung so steil war, war ich gezwungen, so zu stehen, dass meine Fußspitzen beinahe senkrecht nach unten zeigten wie bei einer Ballerina – die ich nicht bin und auch nie sein werde.

Durch diese Art zu stehen wurden meine Zehen gegen die Stiefelkappen gequetscht, und ich kann Ihnen sagen, das wurde verdammt schnell äußerst unbequem. Außerdem bedeutete diese Haltung enormen Stress für jedes Gelenk und jeden Muskel im ganzen Körper. Bei dem Versuch, mich aufrecht und im Gleichgewicht zu halten, nahm mein Körper die Form eines umgekehrten »C« an. Meine Füße waren quasi hinter mir, weshalb sich meine Knie beugten, was meine Hüften nach vorn brachte, was wiederum meinen Rücken durchbog, sodass mein Kopf sich über meinen Füßen befand.

Innerhalb von wenigen Minuten begannen die Muskeln in meinen Schienbeinen, den Waden, Oberschenkeln, in den Armen, Schultern und im Rücken zu brennen und zu schmerzen, als ob ich ein Workout-Video abarbeiten würde. Und zu unser beider Pech würde es noch lange dauern, bis die Situation sich klären würde.

Na schön, nach etwa einer Dreiviertelstunde schien dem Fohlen endlich der Dampf auszugehen, und das war gut so, denn das Gleiche galt für mich. So lange dauerte es, bis ich das Fohlen ins seichte Wasser gezogen hatte, ohne dass es gleich wieder einen Rückwärtssalto machte. Allerdings konnte (oder wollte) es immer noch nicht aufstehen und lag einfach da im eiskalten Wasser, Maul und Nüstern knapp über Wasser. Ich brachte es einige Male dazu, im Seichten liegen zu bleiben und sich ein wenig zu entspannen, aber sobald es Zug am Seil verspürte, weil ich versuchte, es näher ans Ufer zu bringen, begann es wieder um sich zu schlagen.

Eine weitere halbe Stunde verging ohne größere Fortschritte: Wir waren beide am Ende unserer Kräfte, und für mich wurde es Zeit, meine Möglichkeiten realistisch zu überdenken.

Ich hatte keine Ahnung, wie lange das Fohlen schon im Wasser gewesen war, bevor ich es gefunden hatte. Sicher war nur, dass es seitdem fast zwei Stunden im Wasser verbracht hatte. Und nicht nur das: Es hatte zumindest einen Teil dieser Zeit vollständig – inklusive Kopf – unter Wasser gelegen, und in den letzten fünfzehn Minuten fiel es mir zunehmend schwerer zu verhindern, dass es ganz und gar unterging. Körperlich war ich so ziemlich am Ende und benutzte jede ruhige Minute, die sich mir bot, um mich auf der Böschung hinzusetzen.

Das Fohlen atmete nur mühsam, und das Rasseln beim Ausatmen sagte mir, dass es mehr als wahrscheinlich Wasser in der Lunge hatte. Ich muss zugeben, dass dies eine der Situationen war, wo man sich am liebsten hinsetzen und am Kopf kratzen würde. Der kleine Kerl hatte wie ein Verrückter gekämpft, um am Leben zu bleiben, aber jedes Mal, wenn er kurz davor gewesen war, sich selbst aus der Notlage befreien zu können, hatte er anscheinend genauso heftig darum gekämpft, drinzubleiben.

Es war Zeit für eine Entscheidung, und so sehr es mir auch zuwider war, sagte ich mir doch, dass ich nur noch einen letzten Versuch machen würde, ihn ans Ufer zu bringen. Wenn auch dieser misslang, aus welchen Gründen auch immer, würde ich ihn einfach erlösen müssen. Nachdem ich diesen Entschluss gefasst hatte, kam ich auf die Füße und versuchte es ein letztes Mal.

Zuerst leistete das Fohlen Widerstand wie gewohnt, schlug mit Hals und Kopf im Wasser herum und versuchte, sich nach hinten zu werfen. Dann, gerade als ich das Handtuch werfen wollte, hörte es plötzlich auf zu kämpfen. Es gab so schnell und so vollständig auf, als hätte jemand einen Schalter umgelegt. Statt sich wie einer dieser großen Hochseefische hin und her zu werfen, verwandelte es sich in das fügsame kleine Fohlen, das wir erwartet hatten, als es geboren wurde.

Ruhig ließ es sich ins Seichte zurückbringen, wo es schon unzählige Male gewesen war. Unglücklicherweise war es so erschöpft, dass es nicht aufstehen, geschweige denn über den Grabenrand aus dem Wasser und dann die steile Böschung hinauf ins Trockene klettern konnte.

Ich musste zu Plan B greifen. Dazu musste ich das Fohlen irgendwie weitere fünf Meter oder so bachaufwärts ziehen, wo das Wasser nur Zentimeter tief und die Böschung viel weniger steil war. Wenn es mir gelang, es bis dorthin zu bringen, würde dies meine Chancen, es schlussendlich aus dem Wasser zu ziehen, erheblich verbessern. Körperlich war ich allerdings so geschafft wie nur möglich; ich hatte kaum noch Treibstoff im Tank. Der Abhang, den ich seitwärts überqueren musste, um das Fohlen ins Seichte zu bringen, war sogar noch steiler als der, auf dem ich gestanden war, und zu allem Übel war auch noch ein ziemlich großer Weidenbusch im Weg. Trotzdem, es war wirklich unsere einzige Möglichkeit, und ich dachte, solange der Kleine sich ruhig verhielte, hätten wir eine Chance.

Ich holte tief Luft, nahm das aufgewickelte Ende des Lariats in die Hände, packte fest zu und machte mich auf den Weg am Ufer entlang. Das Fohlen wehrte sich ein bisschen, schien sich aber einigermaßen damit abzufinden, am Ufer entlang gezogen zu werden, als wüsste es, dass dies seine letzte Chance war.

Diese fünf Meter waren bei weitem die größte Distanz, die ich je zurückgelegt habe – vorher und seitdem. Die Schmerzen in den Füßen, den Beinen, im Rücken und in den Schultern waren schlimm, und ich erinnere mich, dass ich an einem Punkt dachte, in dieser Nacht würde ich wirklich gut schlafen. Ich zog also das Fohlen langsam durchs Wasser und bekam es irgendwie tatsächlich so nah ans Ufer, dass ich genügend Leine hatte, um den ganzen Abhang hinaufzusteigen. Zum ersten Mal seit zwei Stunden befand ich mich auf ebenem Boden. Das war gut, denn damit hatte ich genügend Freiraum, um das Fohlen um den steilsten Teil und den Weidenbusch herum zu manövrieren. Der Strick blieb zwar ein paar Mal hängen, aber ich bekam ihn immer wieder frei.

Hinter dem Busch fiel das Ufer sanfter zum Wasser ab, und ich stieg hinunter. Das Fohlen lag auf der Seite, den Kopf knapp über Wasser. Ich ging bis zum Grabenrand und zog es so nah heran, wie ich konnte, bis es ungefähr einen Meter vom Ufer auf dem steinigen Grabenboden sozusagen auf Grund lief. Um das Fohlen herum war das Wasser vielleicht einen halben Meter tief, wo ich stand aber nur fünfzehn Zentimeter. Ich watete in das eisige Wasser und zog das Fohlen so dicht heran, wie ich konnte. Es bewegte sich ein wenig, aber nicht halb so schlimm wie in den letzten zwei Stunden, und schließlich konnte ich mich hinunterbeugen und ihm über Kopf und Nacken streichen. Ich lockerte den Strick um seinen Hals, damit es besser atmen konnte, und fand, dass es ein wenig half, aber nicht viel.

Bis dahin hatte ich das Fohlen an seinem Strick um den Hals vorwärts gezogen, aber so erschöpft, wie es war, dachte ich, ich könnte es wohl ein paar Minuten allein lassen, und trottete müde zu meinem Pickup. Ich fuhr ihn das Ufer entlang und parkte so nah an dem Fohlen, wie ich konnte. Aus dem Werkzeugkasten nahm ich ein kleines Halfter mit einem Führstrick und ging zurück zu dem Kleinen.

Er war noch genau da, wo ich ihn verlassen hatte, und er wehrte sich nicht, als ich ihm das Halfter anlegte, den Strick von seinem Hals löste und ihn stattdessen um seine Vorderbeine schlang. Mit dem Führstrick in der rechten und dem um seine Vorderbeine gewickelten Lariat in der linken Hand begann ich, ihn langsam aufs Trockene zu ziehen.

Ich war ziemlich hinüber, und es kostete mich meine letzten Kräfte, ihn wenigstens mit Kopf, Hals und Schultern aufs Gras zu bringen. Dann ließ ich mich neben seinem Kopf schwer zu Boden fallen. Mehr war einfach nicht drin. So gern ich ihn den Abhang hinauf und auf den Weg gebracht hätte – ich war körperlich dazu einfach nicht mehr in der Lage.

Als mir das klar wurde, löste ich das Seil von den Vorderbeinen des Fohlens und schlang es stattdessen um die Hinterbeine. Ich ging zum Pickup und befestigte das Seilende an der Anhängerkupplung. Dann fuhr ich so langsam, wie ich konnte, und ohne das Fohlen aus den Augen zu lassen vorwärts und zog das Fohlen aus dem Graben, den Abhang hoch und schließlich auf den Weg.

Plötzlich wurde Ellie, die die ganze Zeit auf der Weide gegrast hatte, aufmerksam. Ihr Kopf fuhr in die Höhe, und mit gespitzten Ohren bullerte sie leise und tief, als das Fohlen auf dem Weg auftauchte. Das Fohlen gab keine Antwort, und als ich das Seil um die Hinterbeine löste, dachte ich, es wäre alles umsonst gewesen.

Es war buchstäblich nass bis auf die Knochen, bei jedem Atemzug rasselte es in der Lunge, und es lag schlaff und teilnahmslos da. Ich zog meine Jacke aus und begann, es damit abzutrocknen. Ellie kam herbei und leckte und stupste es wie ein Neugeborenes.

Zum Glück war es für mitten im Winter relativ mild, und nachdem das Fohlen nun oben auf dem Weg lag, konnte die Mittagssonne es wärmen. Ich trocknete es so gut wie möglich ab, und dann klappte ich total erledigt die Heckklappe herunter, setzte mich auf die Ladefläche und überlegte, was ich als Nächstes tun sollte.

Währenddessen machte sich Ellie daran, das durchweichte Fohlen wieder zum Leben zu erwecken. Nachdem sie es eine Weile abgeleckt und mit der Nase gerieben hatte, begann sie, es in die Flanke und den Hals zu zwicken. Anfangs ging sie vorsichtig zu Werke, ihre Zähne glitten mehr oder weniger nur über die Haut. Bald aber kniff sie immer energischer zu. Schließlich begann sich das Fohlen zu regen, das Leben schien zurückzukehren. Nach einiger Zeit ließ es sogar ein kleines heiseres Wiehern hören, und die Stute verdoppelte ihre Anstrengungen.

Endlich versuchte das Fohlen mehrmals, den Kopf zu heben, aber es fiel immer wieder zurück. Unbeirrt ließ die Stute nicht locker, und bald hob es nicht nur Kopf und Hals an, sondern versuchte auch, sich auf die Vorderbeine hochzuziehen. Ich beschloss zu helfen, verließ meinen relativ bequemen Platz an der Heckklappe und ging zum Fohlen hinüber. Jedes Mal, wenn es versuchte, auf die Beine zu kommen, schlang ich ihm die Arme um den Bauch und versuchte, es anzuheben. Ich bin mir nicht sicher, wie viel meine Hilfe wirklich wert war, hatte ich selbst doch kaum noch Kraft, aber wir drei zusammen, Ellie, das Fohlen und ich, brachten den Kleinen schließlich tatsächlich auf die Beine.

Kurz darauf trank er bei seiner Mutter und kam allmählich so weit zu Kräften, dass er sich ein wenig bewegen konnte. Langsam führte ich die beiden die halbe Meile bis zur Einfangkoppel, was eine Stunde dauerte. Ich sperrte sie hinein und fuhr los, um den Hänger zu holen.

Zu Hause brachte ich sie in einer großen Box im Stall unter und holte den Tierarzt. Zuerst hörte sich dessen Prognose nicht besonders gut an. Das Fohlen hatte nicht nur eine Menge Wasser geschluckt, es hatte auch ziemlich viel Wasser eingeatmet. Daraus würde sich, so der Tierarzt, fast unweigerlich eine Lungenentzündung oder eine Lungeninfektion entwickeln. Es fraß und trank ein bisschen, aber nicht sehr viel, und es war teilnahmslos und reagierte auf keinerlei Stimulationsversuche.

Der Tierarzt war trotzdem dafür, es vorläufig warm zu halten, es ihm so bequem wie möglich zu machen und ihm Antibiotika zu geben. Nach ein paar Tagen würde er es sich wieder ansehen, und dann würden wir entscheiden, was mit ihm geschehen sollte. Ginge es ihm dann nicht besser, wäre es vielleicht das Beste, es einzuschläfern. Zeigten sich dagegen Zeichen der Besserung, würden wir fortfahren mit dem, was wir jetzt machten, und sehen, was dabei herauskam.

Nun, zu jedermanns Überraschung erholte sich das Fohlen langsam, aber sicher, und nach etwa drei Wochen war es so ziemlich wieder, wie es vorher gewesen war – mit einer wesentlichen Ausnahme: Es war viel angenehmer im Umgang geworden.

Verstehen Sie mich nicht falsch: Es war immer noch ein bisschen schreckhaft und ließ sich manchmal nicht gleich einfangen, aber insgesamt benahm es sich erheblich besser und schien ernsthaft interessiert daran, herauszufinden, was wir von ihm wollten.

Zwei Monate später, kurz vor Frühlingsbeginn, hatte das Fohlen sich vollständig erholt. Es ließ sich auch viel besser führen, hielt still, als der Schmied ihm die Hufe ausschnitt, und hatte nicht einmal viel dagegen, wenn der Tierarzt vorbeikam.

Blieb immer noch das Problem der Gaumenspalte. Wendy und ich hatten bereits beschlossen, kein Geld für eine Operation auszugeben, wir hätten aber auch nichts dagegen, falls jemand anders sich dazu bereit fände.

Interessanterweise setzte sich wenig später ein älterer Rancher im Ruhestand mit uns in Verbindung. Er war auf der Suche nach einem jungen Pferd, mit dem er nur so ein wenig herumspielen und das er aufziehen konnte. Er knüpfte keine großartigen Erwartungen an das Fohlen, und er war bereit, die Gaumenspalte auf seine Kosten operieren zu lassen. Mit dem Training wollte er sich alle Zeit lassen, die es brauchte.

Es schien alles bestens zusammenzupassen, und bald stand das Fohlen im Anhänger und war auf dem Weg in sein neues Zuhause, einer Ranch auf den Ebenen von Colorado.

Es ist seltsam – wir haben im Laufe der Jahre jede Menge guter Fohlen aufgezogen, manche sind heute noch bei uns. Am meisten im Gedächtnis geblieben ist mir aber das kleine Falbfohlen mit der Gaumenspalte. Oft denke ich darüber nach, wie leicht ich ohne unser Abenteuer an jenem Graben den Kleinen abgeschrieben, vielleicht sogar hätte einschläfern lassen. Vielleicht hätte ich nie gesehen, was er an Wertvollem in sich hatte, seinen Kampfgeist, den Willen, am Leben zu bleiben – obwohl ich an diesem Leben anfangs zugegebenermaßen nicht viel Wertvolles gefunden hatte. Die Erinnerung an ihn hat mich aus eben diesem Grund mehr als ein Mal innehalten lassen.

Jedes Mal, wenn ich an das Falbfohlen denke, frage ich mich, wie es ihm mit dem alten Rancher wohl ergangen und was aus den beiden geworden ist. Noch mehr aber frage ich mich, wie mein Leben heute aussehen würde, wenn ich ihm nie begegnet wäre.

Team Penning mit Dwight und Dave

Eile mit Weile

Dwight hatte ungefähr dreißig Kühe mit Kälbern, die er auf eine Weide mit besserem Gras bringen musste, also machten wir uns eines Sonntagmorgens an die Arbeit. Den größten Teil der Herde fanden wir weit auseinander grasend unter den Bäumen am westlichen Rand der großen Weide, aber wir brauchten nicht lange, um sie auf einer kleinen Lichtung zusammenzutreiben und die Paare, die er brauchte, auszusortieren.

Den restlichen Morgen verbrachten wir damit, sie langsam etwa eine Meile nach Osten zu treiben, über eine breite Holzbrücke und durch das Tor zu 18 Hektar Grasland, wo sie den nächsten Monat bleiben sollten. Es war warm für Anfang Oktober, und unsere Pferde hatten sich schon ziemlich Winterfell zugelegt, weshalb sie etwas in Schweiß gerieten, bis wir die Herde auf die neue Weide getrieben und das Tor hinter ihr geschlossen hatten. Nichtsdestotrotz ritten wir zurück zum Stall, nahmen ihnen die Trensen ab, lockerten die Sattelgurte und luden sie in Dwights Viehtransporter.

Am Abend zuvor hatte ich einen Anruf von Dave Schneider, einem Freund von uns, erhalten. Er wollte wissen, ob wir Lust hätten, an diesem Tag nach Fort Collins zu kommen und an einer Team-Penning-Prüfung mit Preisgeld teilzunehmen. Weder Dwight noch ich waren je ein Team Penning geritten (genau genommen wussten wir damals nicht einmal, was es war), deshalb beschlossen wir mehr aus Neugier, es einmal zu versuchen.

Ungefähr eine Stunde später trafen wir Dave auf dem Gelände, wo die Prüfung stattfinden sollte. Er zog sein Pferd, einen Quarter-Horse-Wallach namens Little John Beam oder kurz John, aus seinem schäbigen alten Zweipferde-Anhänger, und wir ließen unsere beiden Wallache so, wie sie waren, mit allem Dreck und Speck und die Sättel noch auf dem Rücken, aus dem Viehtransporter springen.

Ich muss sagen, wir fielen schon ganz schön auf unter all den hochpreisigen Pferden mit dem glänzenden Fell, die aus den teuren Transportern um uns herum herausgezogen wurden. Und um ehrlich zu sein: Es dauerte auch nicht lange, bis wir uns ziemlich fehl am Platze fühlten. Wie auch immer, wir banden unsere Pferde am Anhänger fest und gingen zur Meldestelle, um unsere Teilnehmergebühr zu bezahlen.

Zu dieser Zeit war Team Penning noch recht neu, neu genug, dass keiner von uns viel darüber gehört hatte, außer dass man ein Team aus drei Reitern zu bilden hatte und jedes Team irgendetwas mit Rindern machen musste. Während wir in der Schlange anstanden, benutzten wir die Gelegenheit, ein paar der anderen Teilnehmer nach den Regeln auszufragen. Ein junger Typ mit einem 400-Dollar-Biberhut und einer Gürtelschnalle so groß wie sein Kopf erklärte uns, worum es ging.

In der Arena nahebei befanden sich dreißig Stiere mittlerer Größe. Man hatte sie in zehn Gruppen zu je drei Stieren aufgeteilt, und jede Gruppe hatte eine Nummer. Jeder Stier trug die Nummer seiner

Gruppe auf der Hüfte. Drei Stiere trugen also die Nummer 1, drei die Nummer 2 und so weiter. Dann quirlten die dreißig Stiere in der Arena umeinander.

Jedes Reiterteam zog aus einem Hut eine Nummer, die sich auf die Gruppe von Stieren bezog. Dann ritt das Team zusammen in die Arena, sortierte die drei Stiere aus der Herde heraus und trieb sie ans andere Ende der Arena und in einen dreiseitigen Pferch. Es ging um die Zeit, und sobald die Stiere im Pferch waren, hob man die Hand, und die Stoppuhr wurde angehalten.

»Also«, sagte Dwight, der nicht ganz glauben konnte, was er gerade gehört hatte. »Also es werden drei Reiter gebraucht, um drei Stiere auszusortieren und zu treiben?«

»Yeah«, sagte der junge Mann. »Das kann ziemlich aufregend werden.«

»Wetten, dass«, nickte Dwight.

Der junge Mann bewegte sich mit seinen Teamkollegen weiter zum Tisch der Meldestelle.

»Fände es eigentlich sportlicher, wenn sie nur einen Reiter für drei Stiere brauchten«, bemerkte Dwight ruhig und drehte sich zu Dave und mir um. »Aber es ist ihr Spiel, also werden wir es wohl nach ihren Regeln spielen.«

Ein paar Minuten später schrieben wir uns ein, zahlten unsere Gebühr und zogen unsere Nummer für die erste Runde. Wie der Zufall es wollte, zogen wir die Nummer 1, waren also als erstes Team an der Reihe.

Während wir auf den Start warteten, kamen einige Reiter und sogar Zuschauer zu uns her und gaben uns Tipps, wie wir unsere Stiere am besten aussortieren und in den Pferch treiben könnten.

»Logisch«, sagte ein Reiter, der aussah, als ob er eher auf einen Bürostuhl als in einen Sattel gehörte, »logisch, dass man, je schneller man reitet, desto weniger Zeit braucht.«

»Danke für den Rat«, habe ich, glaube ich, gesagt. Ich wusste nur zu gut, dass Eile beim Viehtrieb der sicherste Weg in die Katastrophe ist.

Anscheinend taten wir den meisten Leuten leid – als ob drei Typen auf zotteligen Pferden gegen die anderen Teams mit ihren kostspieligen Rössern auf keinen Fall eine Chance haben könnten. Ehrlich gesagt wussten wir auch nicht, wie unsere Chancen standen, eines aber wussten wir – und unsere Pferde – genau, und das war, wie man Vieh treibt. Das jedenfalls sprach für uns.

Wir dachten, solange wir uns nicht gerade lächerlich machten, könnten wir wenigstens ein bisschen Spaß zusammen haben. Und zumindest war in der Teilnehmergebühr ein nettes kleines Barbecue enthalten.

Als wir auf unseren Ranchpferden in die Arena ritten, konnten wir im Vorüberreiten ein paar der anderen Reiter kichern hören. Vermutlich wirkten wir ein wenig deplatziert und, angesichts der anderen höchst gepflegten Leistungspferde, als gehörten wir eigentlich in eine etwas andere Liga. Aber wir beschlossen, es jedenfalls zu versuchen.

Wir ritten ein und machten uns an die Arbeit, ohne auch nur ein Wort zu sagen. Dwight ritt vorne und trieb seinen großen Rotfuchs in die Herde. Er fand den ersten Stier mit der Nummer 1 auf der Hüfte und schob ihn an den Zaun.

Ich ritt Buck, mein Pferd, hinüber zu dem kleinen Stier und stellte mich, gute zehn Meter entfernt, zwischen ihn und die Herde. Ein paar Sekunden später sortierte Dwight den zweiten Nummer-1-Stier aus, und Dave trieb ihn neben den Stier, den ich festhielt. Kaum hatten wir die zwei beieinander, als Dave mit dem dritten Stier aus der Herde kam.

Wir hielten die drei zusammen und trieben sie zum anderen Ende der Arena und in den dreiseitigen Pferch. Dave hob die Hand, und die Uhr wurde angehalten.

»Siebenundzwanzig Sekunden«, krächzte eine heisere Frauenstimme aus dem billigen Lautsprechersystem. »Gute Arbeit, Jungs. Diese Zeit wird nicht so leicht zu schlagen sein.«

Dwight schaute zu Dave und mir und zuckte die Schultern. Keiner von uns wusste, ob das stimmte oder nicht. Wir ließen unsere Stiere zurück in die Herde laufen und ritten hinaus. Herein kamen drei andere Reiter auf großen, kräftigen Quarter Horses. Wir nickten ihnen zu, und als sie an uns vorbeikamen, grinsten sie uns an.

»Anfängerglück, Jungs?«, fragte einer leicht herablassend.

»Wahrscheinlich«, sagte Dwight mit einem Versuch, aufrichtig zu wirken.

Wir stellten uns mit unseren Pferden in eine Reihe mit anderen Reitern, die auf ihren Auftritt warteten. Wir hatten gerade angehalten und hielten Ausschau nach den Reitern in der Arena, als da drinnen die Hölle losbrach. Während zwei der Reiter etwas zurück blieben, hatte sich der dritte Hals über Kopf mitten unter die Stiere gestürzt. Sie stoben in jede nur denkbare Richtung auseinander, und die zwei anderen Reiter trieben die, die auf sie zukamen, wieder zurück.

Der erste Reiter ritt vor und zurück am Zaun entlang und brachte es tatsächlich irgendwie fertig, einen der Stiere, hinter denen er her war, von der Herde zu trennen und, nach diversen Fehlschlägen, hinüber zu seinen Partnern zu manövrieren. Er wendete und jagte mit unverminderter Begeisterung hinter dem nächsten Stier her. Etliche Sekunden vergingen, bevor er den zweiten aussortiert und zu seinen Teamkollegen getrieben hatte, und für den dritten brauchte er noch länger.

Als sie die drei Stiere zusammen hatten, trieben sie sie mit viel Geschrei und Gejohle ans andere Ende und, nach diversen Fehlschlägen, auch in den dreiseitigen Pferch.

»Achtundfünfzig Sekunden«, verkündete die Frauenstimme über den Lautsprecher.

Die nächste halbe Stunde sahen wir zu, wie ein Team nach dem anderen seine Rinder nach derselben Methode aussortierte und in den Pferch trieb. Versteht sich, dass uns die Wahl der Technik, die diese Jungs benutzten, ein wenig überraschte. Aber schließlich hatten wir den Vorteil davon, denn zum Schluss hatten wir mit unseren siebenundzwanzig Sekunden diese Runde gewonnen.

Bei der zweiten Runde waren wir das vierte Team, und es schien für uns so ziemlich gleich zu laufen wie beim ersten Mal. Nachdem wir den drei Teams vor uns zugesehen hatten, wie sie die Stiere von einem Ende zum anderen trieben, ritten wir gemächlich ein. Dieses Mal war ich der Herde am nächsten und machte mich deshalb ans Aussortieren.

Zu diesem Zeitpunkt wurde die Herde schon ein bisschen nervös, und die Tiere rannten herum, als ich ruhig unter sie ritt. Wie der Zufall wollte, hatten sich zwei unserer Stiere zueinander gesellt und standen etwas außerhalb der Herde. Um sie ganz von der Herde zu trennen, brauchte ich nur in ein paar Metern Entfernung an ihnen vorbei zu reiten und Bucks Kopf in ihre Richtung zu drehen.

Beide Stiere gingen problemlos von der Herde fort und stolperten dabei fast über Dave und Dwight. Der dritte Stier war zwar auf der anderen Seite der Herde, aber auch er befand sich etwas außerhalb. Ich ritt unauffällig hinüber, und Buck schob ihn mit kaum sichtbaren Bewegungen um die Herde herum und zu den anderen beiden in Wartestellung.

Wir trieben sie zum anderen Ende der Arena und ohne große Mühe in den dreiseitigen Pferch.

»Wow«, sagte die Frauenstimme über den Lautsprecher. »Zweiundzwanzig Sekunden! Das ist, glaube ich, neuer Arena-Rekord!«

Als die Stimme der Ansagerin verklang, kam vereinzelter Applaus auf, zusammen mit ebenso vereinzeltem Stöhnen von einigen der anderen Teams.

Wir wussten, dass wir schnell gewesen waren (und wussten auch, dass dies zum großen Teil daran lag, dass die Stiere zufällig so günstig gestanden hatten und leicht einzusammeln gewesen waren), aber dass wir so schnell gewesen waren, hatten wir nicht gewusst.

Unsere dritte Runde war immer noch ganz schön schnell, aber nicht ganz so gut wie die anderen beiden. Diesmal sortierte Dave die Stiere problemlos aus, aber als wir sie am Zaun entlang zum anderen Ende trieben, begannen einige aus der Herde ihnen zu folgen. Eine der Regeln im Team Penning lautet, dass sich nur die drei gezogenen Stiere am Ende der Arena befinden dürfen, wenn sie in den Pferch getrieben werden. Also musste einer von uns ausscheren und die Nachzügler loswerden. Das würde ich tun, beschloss ich.

Ich lenkte Buck von unseren Stieren weg, um das unerwünschte Gefolge zurückzutreiben. Dabei entstand einen Augenblick lang eine Lücke zwischen Dave und Dwight, die einer der Stiere ausnutzte. Wie ein geölter Blitz zwängte sich der kleine braun-weiße Stier hindurch und trottete, Kopf und Schwanz hoch erhoben, zurück zur Herde.

Wenn dies vorher einem der anderen Teams passiert war, hatten sich die Zuschauer ruhig verhalten, hatten höchstens einmal mitfühlend geseufzt. Aber als unser Stier zurücklief, brandete frenetischer Beifall auf, als ob praktisch jeder dem Stier applaudierte, was vermutlich auch der Fall war.

Ich konnte in die Herde hineinreiten und den kleinen Rebellen ohne größere Mühe wieder einfangen, aber bis wir unsere drei Stiere endlich im Pferch hatten, hatten wir doch so viel Zeit verloren, dass es in dieser Runde nur zum zweiten Platz reichte. Als dieses Ergebnis verkündet wurde, gab es wieder großen Beifall von den anderen Teams.

Die vierte und letzte Runde lief wieder so glatt für uns wie die ersten beiden. Wir ritten ein, sortierten in aller Ruhe unsere Stiere aus und hatten sie in gut unter dreißig Sekunden im Pferch. Die nächstbeste Zeit war gute fünfzehn Sekunden langsamer, wir hatten die Runde also wieder gewonnen.

Kurz nach dieser Finalrunde wurden wir zur Ansagestelle gebeten und erhielten das Preisgeld für die drei gewonnenen Runden und den einen zweiten Platz. Schon bevor wir unser Geld abholten, war es nicht mehr zu übersehen, dass wir uns bei den Stammteilnehmern, die an diesem Tag anwesend waren, äußerst unbeliebt gemacht hatten. Männer, die sich vor Beginn der Prüfung bereitwillig mit uns unterhalten hatten, begannen uns im Verlauf des Tages mehr und mehr zu meiden. Als wir nun unser Preisgeld abholen gingen, warfen sie uns entweder gehässige Blicke zu oder ignorierten uns einfach vollständig.

Anfangs waren wir nicht sicher, warum die Leute so unfreundlich waren. Dann, als wir unsere Pferde am Anhänger anbanden und sie für den Heimtransport abzusatteln begannen, näherte sich eine Gruppe von Reitern, die die Dinge klar stellen sollte.

»Wisst ihr«, sagte einer von ihnen in anklagendem Ton, »diese Gruppe hier – keiner von uns ist Profi im Team Penning. Es ist nicht fair, hierher zu kommen und uns so niederzumachen, wie ihr es getan habt. Das passt uns ganz und gar nicht.«

Dwight und ich sahen uns an, während Dave herankam und wissen wollte, was los war.

»Wir haben niemanden niedergemacht«, sagte Dwight nüchtern. »Tatsache ist, dass wir das erste Mal bei so etwas mitgemacht haben.«

»Das kannst du uns nicht weismachen«, sagte der Zweite. »Niemand außer einem Profi kriegt solche Zeiten hin.«

»Nun«, warf ich ein, »wir sind keine. Ehrlich, dies ist unser erstes Team Penning …«

In diesem Augenblick ritt eine Dame auf einem großen Fuchswallach zu uns her und hielt neben Dave an.

»Ihr seid alle weggegangen, ohne euer ganzes Preisgeld mitzunehmen«, sagte sie, griff in eine Tasche, die ihr über der Schulter hing, zog ein kleines Bündel Geldscheine heraus und überreichte es Dave. »Ihr habt nämlich die Prämie für die beste Runde gewonnen.« Sie griff wieder in die Tasche und holte drei blaue Schleifen und ein weiteres Geldbündel heraus, das sie ebenfalls Dave in die Hand drückte. »Und die Prämie für die Besten insgesamt habt ihr auch noch gewonnen.«

Sie lächelte hinunter auf einen nun etwas verlegen blickenden Dave, wendete ihr Pferd und ritt davon.

Wir müssen ziemlich dämlich ausgesehen haben, als wir uns wieder den zwei Männern zuwandten, die vor uns standen.

»Erstes Mal ...«, kicherte der zweite Mann sarkastisch. »Hört mal, Jungs, ein Wort zur Info: Wenn ihr das nächste Mal absahnen wollt, sucht ihr euch besser eine andere Arena. Hier haben wir euch auf der Latte.«

Damit machten die beiden kehrt und gingen zurück in Richtung Arena.

Einigermaßen verdutzt von diesem Wortwechsel verluden wir unsere Pferde und teilten uns den Rest des Preisgeldes. Jeder bekam eine Schleife. Wir redeten noch ein paar Minuten über dies und das, schüttelten uns die Hände, verabschiedeten uns, kletterten in unsere Wagen und fuhren nach Hause.

Wir nahmen uns den Rat des Mannes zu Herzen und gingen nie zurück, weder zu dieser Arena noch irgendwo anders hin, um uns noch einmal im Team Penning zu versuchen.

Das Geld, das ich damals mit Dwight, Dave und unseren Ranchpferden gewonnen habe, ist längst ausgegeben. Die blaue Schleife, nun, die habe ich eine Weile behalten, aber wie das Geld war auch sie eines Tages irgendwie verschwunden.

Eines aber habe ich daraus gelernt und all die Jahre nicht vergessen: Auch wenn manche Leute einen guten Job vielleicht nicht zu schätzen wissen, heißt das nicht, dass der Job es nicht verdiente, gut erledigt zu werden.

Kakteen am Zaun

Wenn ein stolzer Mann um Hilfe bittet, tut dies gewöhnlich mehr weh, als du dir vorstellen kannst

Wer je Zeit auf einer Ranch verbracht hat, weiß, dass die Wartung der Zäune zu den Jobs gehört, die einfach nie ein Ende haben. Kaum hat man einen Abschnitt in Ordnung gebracht, kann man woanders wieder anfangen. Selbst wenn man Glück und alle Abschnitte zur selben Zeit in Ordnung hat, kann man sicher sein, dass dem nicht lange so ist – so ist es eben einfach.

Es gibt Faktoren, die sich positiv oder negativ auf die Qualität der Zäune auswirken können, zum Beispiel die Art von Tieren, die man drinnen oder draußen halten will, und natürlich das Material, das man beim Zaunbau verwendet. Manche setzen das beste Material ein, das sie finden können, und das kommt ihren Zäunen offensichtlich zugute. Andere – na ja, andere nehmen, was gerade zur Hand ist, und diese Zäune brauchen erheblich mehr Pflege und Wartung.

Mein Kumpel Will gehörte zu denen, die beim Zaunbau eher das verwendeten, was ihnen gerade in die Hände fiel. Infolgedessen brauchten seine Zäune nahezu ständig Reparaturen. Wills Hauptweide, auf der er etwa 150 Reitpferde überwinterte, war ein über 800 Hektar großes Rechteck im Vorgebirge. Der vordere Teil an der Straße war einigermaßen flach, aber dann stieg der Grund rasch auf über dreihundert Meter an.

Das nördliche Ende war eingezäunt und hatte ein Tor, das auf weitere 200 Hektar oben in den Bergen führte. Gewöhnlich blieb dieses Tor bis Anfang Frühjahr geschlossen. So hatte er diese 200 Hektar immer in Reserve, falls der Winter der großen Weide einmal besonders hart zusetzen sollte. Er konnte die Herde dann auf die kleinere Weide umstellen, bis sich das Gras im April wieder erholt hatte.

Bevor er seine Herde auf diese kleinere Weide trieb, musste er sich natürlich vergewissern, dass die Umzäunung noch in Ordnung war, und genau dies taten wir an diesem ungewöhnlich warmen Märztag.

Meist arbeitete Will am liebsten allein an seinen Zäunen und brauchte selten Hilfe. Wie sich herausstellte, hatte er fast zwei Wochen lang so gut wie jeden Tag Zäune an der großen Weide repariert, weil ein Rudel Elche nichts Besseres zu tun hatte, als vor und zurück über die Umzäunung im Westen zu hüpfen. Dabei hatten sie dann jedes Mal einen Teil der oberen Drähte mitgenommen. Schließlich waren sie doch weitergezogen, um jemand anderem den Drahtzaun zu ruinieren, aber bis dahin hatte Will schon ganz schön die Nase voll vom Zäunereparieren.

Zufällig traf ich Will im Eisenwarenladen, als Zäune für ihn gerade ziemlich an Unterhaltungswert verloren hatten. Er erwähnte, er könne, falls ich nichts Besseres vorhätte, vielleicht ein bisschen Hilfe brauchen, wenn er sich am nächsten Tag die Umzäunung seiner 200 Hektar-Weide ansehen ginge. Zufällig hatte ich den nächsten Nachmittag frei und beschloss, ihm ein bisschen zur Hand zu gehen. Mein Pickup war in Reparatur, also holte Will mich ab, und wir fuhren etwa vierzig Minuten zur großen Koppel, wo wir ein paar gute Pferde sattelten, das nötige Werkzeug samt einem Fernglas für jeden von uns in die Satteltaschen packten und uns zur abgelegenen Bergweide aufmachten.

Etwa eine Stunde später erreichten wir das baufällige Drahttor, das zu der kleineren Weide führte. Will stieg ab und kämpfte ein paar Sekunden lang mit dem Tor, bis er es vom Pfosten gelöst hatte. Ich hielt sein Pferd, während er es weit aufmachte, und ritt, mit seinem Pferd am Zügel, hindurch. Hinter mir machte Will das Tor wieder zu.

Die 800 Hektar-Weide war in etwa quadratisch und umschloss unter anderem auch ein ziemlich unwirtliches Gelände. Besonders entlang der südlichen Umzäunung gab es ein paar steile, felsige Einschnitte, mit Kiefern bewachsen. Zuckerbirken bildeten an manchen Stellen ein fast undurchdringliches Gebüsch. In einiger Entfernung vom Zaum wuchs allerdings gutes Gras, es gab Wasser, und dort hielt die Herde sich größtenteils auf.

An diesem Tag sollte ich den südlichen Zaun in östlicher Richtung entlangreiten und entgegen dem Uhrzeigersinn daran arbeiten. Will ritt in die andere Richtung. Auf diese Weise konnten wir die gesamte Umzäunung kontrollieren, notwendige Reparaturen ausführen und uns irgendwo in der Mitte treffen, in der halben Zeit, die Will allein gebraucht hätte.

Der beste Weg, einen Zaun zu kontrollieren, ist offensichtlich, daran entlangzureiten. Leider machte das Terrain an diesem südlichen Zaun dies nahezu unmöglich. Alles, was ein Mann hier tun konnte, war, so dicht heranzureiten wie möglich, was an manchen Stellen nicht mehr als ein paar hundert Meter hieß, den Zaun so sorgfältig wie möglich durch das Fernglas zu inspizieren und wie verrückt zu hoffen, dass es nichts zu reparieren gab.

Na, das Terrain war wohl mehr, als sogar den Elchen und dem Rotwild lieb war, denn zu meinem Glück sah die Umzäunung hier ganz gut aus. Mit Ausnahme einer Stelle, wo ein abgebrochener Ast daraufgefallen war, waren die Drähte bis zur Ecke einwandfrei gespannt und intakt.

Anders war es nordwärts am östlichen Teil. Fast die gesamte Umgrenzung im Osten befand sich in offenem Gelände und war an mehreren Stellen umgeworfen oder locker geworden.

Die nächsten zwei Stunden verbrachte ich also damit, Lücken zu schließen und lose Drähte nachzuspannen. Schließlich kam ich zu der Nordost-Ecke der Weide und musste nur noch am östlichen Zaun die oberen beiden Drahtreihen geradeziehen und am Eckpfosten befestigen.

Mein Problem war, dass der Draht am gesamten östlichen Zaun sehr alt und rostig und daher brüchig war. Bis dahin hatte ich Lücken im Zaun dadurch geschlossen, dass ich vom alten Draht ein Stück weggeschnitten und es durch einen neueren Draht ersetzt hatte. Solche Drähte hingen in Bündeln an manchen Pfosten.

Ersatzdrähte an weit entfernten Zäunen hängen zu lassen ist auf den meisten Ranches gängige Praxis. Auf diese Weise braucht man bei Kontrollgängen nur das Werkzeug (eine Zange oder zwei, ein paar Krampen, einen Hammer) mitzunehmen. So lassen sich Reparaturen leichter »im Vorübergehen« erledigen, und man braucht nicht jedes Mal eine Rolle Draht mitzuschleppen.

Jedenfalls dachte ich gerade ernsthaft darüber nach, diese beiden oberen Drähte an der Ecke zu ersetzen, bevor ich sie spannte. Da ritt Will vom Westen her heran. Er war fertig mit den Reparaturen in seiner Hälfte.

»Bis hierhin ist alles erledigt«, sagte er, nahm den Hut ab und wischte sich mit dem in einem Handschuh steckenden Handrücken den Schweiß von der Stirn.

»Bei mir auch«, nickte ich und sah zurück auf die Ecke. »Ich überlege gerade, ob ich diesen Draht ersetzen soll oder nicht. Er ist halb durchgerostet.«

»Och, zum Teufel«, sagte er, setzte den Hut wieder auf und stieg vom Pferd. »Komm, wir spannen ihn einfach und lassen es gut sein. Wenn wir ihn ersetzen, dauert es noch mal eine halbe Stunde.«

»Von mir aus«, sagte ich schulterzuckend. Ich hätte es anders gemacht, aber es war schließlich nicht mein Zaun.

Einen Drahtzaun zu spannen ist nicht allzu schwierig, wenn man weiß, wie es geht. Zuerst löst man die Krampen, mit denen der Draht am Holzpfosten befestigt ist. Dann packt man den Draht mit der Zange und legt die Zange an den Pfosten an. Mithilfe der Zangengriffe hebelt man dann den Draht fest. Ist er fest genug gespannt, schlägt man mit dem Hammer die Krampen wieder ein und befestigt den Draht so am Holz. Das kann ein Mann gut erledigen. Aber wie bei den meisten Dingen geht es schneller, wenn zwei Leute zusammen daran arbeiten.

Um den Draht an diesem speziellen Eckpfosten zu spannen, lockerte ich die Krampen, mit denen er am Pfosten befestigt war. Will kletterte auf die andere Seite des Zauns. Er zog den ersten Draht mit der Zange fest, und ich hämmerte die Krampen ein. Den überschüssigen Draht wickelten wir um den Pfosten. Dann lockerte ich die Krampen am zweiten Draht.

Will packte den Draht und begann zu ziehen, wie er es beim ersten gemacht hatte. Dieser Draht bewegte sich aber nicht so leicht wie der erste, deshalb zog Will ein bisschen kräftiger an. Der Draht bewegte sich immer noch nicht. Um die Hebelwirkung zu verstärken, stellte Will den linken Fuß an den Pfosten und stemmte sich dagegen. Der Draht streckte sich allmählich, und als er da war, wo wir ihn haben wollten, nahm ich meinen Hammer und verpasste dem Krampen einen kräftigen Schlag.

Na ja, so alt und verrostet, wie dieser Draht war, hätte das, was als Nächstes kam, eigentlich keine Überraschung mehr sein sollen. Sobald der Krampen den alten, rostigen Draht berührte, gab es ein lautes SCHNAPP, und Will flog plötzlich nach hinten.

Offensichtlich hatte die leichte Berührung genügt, um das alte Ding brechen zu lassen, und ich glaube, kurz darauf wünschte Will sich sehnlichst, er hätte sich die Zeit genommen, den Draht zu ersetzen.

Instinktiv ließ er die Zange los, während er einige Schritte rückwärts stolperte. Er versuchte, sich auf den Füßen zu halten, aber im Endeffekt gewannen Schwerkraft und Schwung die Oberhand, und er krachte rücklings ins Gras. Der Sturz sah nicht besonders schlimm aus, Sie können sich deshalb meine Überraschung vorstellen, als er plötzlich einen grässlichen Schrei ausstieß, sich nach links rollte, sich auf beide Hände stützte und auf die Füße kam.

»Alles okay?«, fragte ich und schob mich durch den Zaun, um zu sehen, ob er verletzt war.

Will stand stockstill, mit dem Rücken zu mir, und stieß eine Reihe von Flüchen aus, die einem Seemann die Schamröte ins Gesicht getrieben hätten.

»Alles okay?«, fragte ich noch einmal.

»Verdammt«, sagte er, nahm langsam die Handflächen nach oben und betrachtete die Handschuhe. »Aaahhhgggg.«

Über die Schulter sah Will auf den Boden, von dem er sich gerade hochgestemmt hatte, und blickte dann ungläubig himmelwärts.

»Kaktus«, war alles, was er sagte, aber das Entsetzen in seiner Stimme war unüberhörbar.

Ich sah auf den Boden, wo er gelandet war. Tatsächlich, er war mitten in einen Fleck kleiner, runder Kakteen gefallen, wie sie im Vorgebirge und in den Bergen von Colorado wachsen. Innerhalb der diversen Kakteenarten handelt es sich hierbei um eine Sorte, die nicht sehr groß wird, nur ein paar Zentimeter im Durchmesser und ebenso hoch. Aber nichtsdestotrotz ist es ein Kaktus.

Und in diesem Fall war es nicht ein einzelner Kaktus, auf dem er gelandet war, sondern eine ganz schöne Menge. So viele, dass seine ganze Kehrseite mit Kaktusstacheln gespickt war, ebenso wie die Rückseite der Oberschenkel und die Handflächen. Zu allem Übel sind die Stacheln dieser Kaktusart so stark, dass sie bei mehr als einer Gelegenheit glatt die Spitzen meiner Stiefel durchstochen haben.

Nun, das war ein Problem. Mit all den Kaktusstacheln im Rücken konnte Will sich nicht bewegen, und entfernen konnte er sie auch nicht, weil seine Hände ebenfalls voller Stacheln waren, die glatt durch seine Lederhandschuhe hindurchgedrungen waren. Zuerst versuchte er, die Stacheln in den Händen selbst herauszuziehen, aber es tat einfach zu weh, wenn er die Finger bewegte.

Ich bot an, ihm ein paar von den Stacheln aus den Händen zu ziehen, damit er zumindest die Handschuhe ausziehen konnte, und damit war er einverstanden. Die meisten Stacheln waren ziemlich groß und nicht nur gut zu sehen, sondern auch leicht herauszuziehen, und nach ungefähr fünfzehn Minuten hatte ich die meisten draußen. Er konnte die Handschuhe ausziehen und sich daran machen, die kleineren Stacheln selbst aus den Händen zu ziehen.

Währenddessen ging ich zurück zum Zaun und ersetzte den alten Draht mit einem Stück des neueren Ersatzdrahtes. Als ich damit fertig war, war Will damit beschäftigt, sich ein paar der Stacheln aus der Rückseite zu ziehen. Offenbar hatte er ein paar der größeren, die in seiner Jeans steckten, selbst entfernen können, aber die kleineren ließen sich nicht so einfach packen.

Inzwischen war es Nachmittag geworden, Zeit für den Heimritt. Das Problem war, dass Will mit all den Stacheln in seinem verlängerten Rückgrat kaum laufen, geschweige denn in einem Sattel sitzen konnte. Er machte einen Versuch, ließ es aber schnell wieder sein.

»Ich glaube, ich habe genug herausgezogen, dass ich einigermaßen nach Hause laufen kann«, brummte er und setzte mühsam einen Fuß vor den anderen.

»Bist du sicher?«, fragte ich nicht sehr überzeugt.

»Yeah«, stöhnte er.

Bevor er auch nur damit anfangen konnte, nach Hause zu laufen, musste er allerdings wieder durch den Zaun kriechen. Gebannt schaute ich zu, wie er zum Zaun zurückschlurfte. Er knickte in der Hüfte ein und quälte sich mühsam durch die Drähte, die ich für ihn auseinanderspreizte – das Wenigste, was ich für ihn tun konnte. Dann schlurfte er hinüber zu seinem Pferd, nahm die Zügel auf und machte sich schmerzgepeinigt auf den Heimweg.

Zugegeben, ich war ziemlich beeindruckt davon, dass er überhaupt so weit kam, wie er kam, auch wenn das nur etwa hundert Meter waren, und es überrascht mich nicht im Geringsten, als er erklärte, er könne nicht mehr weiter. Es war klar, dass diese Piekser in seiner verlängerten Rückseite ihn bei jedem Schritt quälten und er etwas dagegen tun musste, bevor wir weiter konnten.

»Mann, ich muss anhalten«, erklärte er gequält. »Ich muss einfach noch ein paar davon herauskriegen, bevor sie mich umbringen.«

»Nichts dagegen«, nickte ich.

»Ich muss meine Hosen runterlassen«, sagte er.

»Mach nur«, sagte ich. »Ich geh' so lange zurück und sehe nach, ob wir auch alles Werkzeug mitgenommen haben.«

Natürlich wussten wir beide genau, dass ich das gesamte Werkzeug schon vorher aufgesammelt hatte, aber ich bin mir tödlich sicher, dass es nichts Schlimmeres gibt als einen Zuschauer, der dir dabei zusieht, wie du versuchst, Kaktusstacheln aus deiner nackten Kehrseite zu ziehen.

Nicht nur das, Wills Rückfront war auch nicht gerade der Anblick, nach dem es mich an diesem Tag unbedingt verlangt hätte.

ein paar Rancher und ein paar Leute aus der Stadt da. Ich zog mir einen Stuhl heran und bestellte je ein Bier für Will und mich. Vorsichtig zog auch Will sich einen Stuhl heran und ließ sich darauf nieder.

Es war nur zu offensichtlich, dass Will kaum still sitzen konnte, und der Erste, der eine Bemerkung dazu sagte, war Dwight.

»Bisschen kribbelig heute, was, Will?«, fragte er lässig.

»Yeah.« Will schaute zu mir hinüber. »Hab' heute einen scheußlichen Anfall von Hämorrhoiden gekriegt.«

»Mann, das ist echt schlimm«, sagte Delbert mit aufrichtigem Mitgefühl.

»Das Schlimmste, was einem passieren kann, besonders wenn man auch noch den ganzen Tag im Sattel sitzen muss.«

»Brauchst du mir nicht zu sagen«, meinte Will und nahm einen Schluck Bier.

Ein oder zwei Minuten lang hatte ich in jener Bar mit aller Macht dagegen ankämpfen müssen, Will mit seiner Kehrseite voller Kaktusstacheln aufzuziehen, und wie lustig es aussah, als er zu laufen versuchte. Aber dann, gerade als ich etwas sagen wollte, schob sich das Bild, wie ich ihm diese Stacheln herauszog, vor mein geistiges Auge, und urplötzlich ließ der Drang nach. Schließlich war es gar nicht sicher, welche Geschichte ein paar Cowboys lustiger finden würden – die, wie jemand zu einem Hinterteil voller Kaktusstacheln gekommen war, oder die, wie jemand anders ihm diese Stacheln aus eben diesem entfernen musste.

An diesem speziellen Tag in der Wheel Bar war es vermutlich in unser beiderseitigem Interesse das Beste, einfach an der Hämorrhoidengeschichte festzuhalten. Schließlich ist das etwas, was man keinem Cowboy näher erklären muss.

Gespenstergeschichten

Sachen gibt's, die gibt's gar nicht

Ich glaube nicht an Gespenster – hab' nie dran geglaubt. Nichtsdestotrotz gibt es Dinge im Leben, die man einfach nicht erklären kann, auch wenn man sich noch so große Mühe gibt. So etwas ist mir vor ein paar Jahren passiert in der Nacht, bevor wir unsere Pferde von der Winterweide zurück zur Ranch treiben wollten, ungefähr fünfzig Kilometer weit.

Jedes Jahr in der Zeit zwischen der zweiten und der letzten Märzwoche trieben wir unsere fünfundvierzig bis fünfundsiebzig Pferde (je nach Jahr) zusammen und brachten sie auf die kleine Weide. Sie wurden beschlagen, entwurmt und geimpft. Bis zur ersten Aprilwoche waren alle Pferde, mit Ausnahme der sehr jungen und der sehr alten, bereit für den einen ganzen Tag dauernden Viehtrieb hin zur Ranch.

Jedes Jahr veranstaltete ich in der Nacht vor dem Viehtrieb ein kleines Fest für die Mitreiter, mit Hamburgern, Hot Dogs, Bohnen- und Kartoffelsalat und Bier oder Softdrinks. Zwischen zehn und elf

Das ging so fast pausenlos während der ersten zwei Stunden, und wir hatten alle die Nase voll davon. Ich hatte die zwei neuen Pferde absichtlich frei gelassen, auch als sie anfingen, Unfug zu machen, weil ich hoffte, sie würden sich allmählich beruhigen. Sie beruhigten sich aber nicht, auch nicht nach zwei Stunden.

»Mike«, rief ich einen aus der Mannschaft.

Mike ritt einen guten Fuchs namens Colorado, und auf meinen Ruf hin kam er sofort herüber geritten.

»Sollen wir die zwei an den Strick nehmen?«, fragte er, noch bevor er mich ganz erreicht hatte.

»Yeah«, antwortete ich. »Im Anhänger sind ein paar Halfter und Stricke.«

»Wird gemacht«, sagte er, wendete sein Pferd und galoppierte zurück zum Anhänger, der hinter der Herde herfuhr.

Vermutlich war es nichts als Zufall, aber beide Pferde waren Schimmel. Ein bisschen unheimlich war nur, wie Mike gefragt hatte – mit fast denselben Worten wie die Stimmen in der Nacht zuvor. Die blöden Stimmen hatten mit ihrer Warnung anscheinend genau ins Schwarze getroffen.

»Die müssen wir morgen im Auge behalten, die zwei Schimmel«, hatte die erste Stimme gewarnt. »Ich würdse lieber an 'n Strick nehmen, damit sie nicht abhauen.«

Hörte sich an, als wüssten die beiden Stimmen genau, von was sie redeten – jedenfalls besser als ich. Diese beiden Schimmel waren neu für uns, aber sie waren bisher ganz ruhig und fügsam gewesen. Ich hatte keinen Grund gehabt, mir ihretwegen Sorgen zu machen, es sei denn, ich glaubte den nächtlichen Stimmen.

Na gut, wir nahmen die beiden Schimmel an den Strick, und danach ging der Viehtrieb problemlos vonstatten.

Wie auch immer – von Zeit zu Zeit kommen mir die Stimmen wieder in den Sinn, und ich gerate ins Grübeln.

Seit vielen Jahren hatte es immer wieder Gerüchte über das Gespenst eines verspielten kleinen Mädchens gegeben, das in der Gäste-Ranch spuken sollte. Offenbar war die Tochter eines der früheren Ranchinhaber nur ein Stück die Straße hinunter einem tragischen Autounfall zum Opfer gefallen, und gleich nach dem Unfall hatten Gäste und Angestellte gleichermaßen sie angeblich immer wieder irgendwo auf dem Anwesen gesichtet.

Nun bin ich der Erste der sagt, dass er diese Erscheinung nie gesehen hat. Trotzdem war ich Zeuge bei ein paar höchst eigenartigen Ereignissen.

Eines Morgens war ich dabei, mir vom Empfangspult ein paar Papiere zu holen, und während ich mit Mary, der Empfangsdame, ein paar freundliche Worte wechselte, kam ein junger Wartungsmonteur dazu.

»Okay«, sagte er und legte ein ausgefülltes Wartungsformular auf das Pult. »Der Handtuchhalter in 102 ist wieder an der Wand.«

»Gut.« Mary lächelte. »Jetzt ist in 213 einer runtergefallen.«

»Mann, das ist komisch«, sagte er und ging kopfschüttelnd davon.

»Jim repariert den ganzen Morgen schon Handtuchhalter«, sagte sie und schüttelte ungläubig den Kopf. »Er schraubt einen in einem Zimmer fest, und dann geht in einem der Bungalows ein anderer ab. Dann macht er den fest, und dann fällt im Haus einer runter. Er hat heute bestimmt schon zehn Stück repariert, und dabei ist er erst seit einer Stunde da.«

»Das ist wirklich komisch«, sagte ich, klaubte meine Papiere zusammen und ging zum Stall.

Später, gegen Mittag, traf ich Jim wieder und fragte ihn wegen der Handtuchhalter. Er berichtete, dass er so ziemlich jeden Handtuchhalter auf dem ganzen Anwesen wieder an der Wand hatte befestigen müssen. Dann, gerade kurz vorm Mittagessen, bekam er einen Anruf, dass der erste Handtuchhalter, den er an diesem Morgen festgeschraubt hatte, wieder abgefallen sei. Für den Rest des Tages war Jim damit beschäftigt, in Zimmern und Bungalows auf dem gesamten Anwesen Handtuchhalter, die sich irgendwie von der Wand gelöst hatten, wieder zu befestigen.

Nach der Hälfte des Tages, auf dem Höhepunkt des Problems, schienen drei, vier, sogar fünf Handtuchhalter gleichzeitig den Halt zu verlieren, sodass er gar nicht mehr in der Lage war Schritt zu halten. Dann, genau um 17 Uhr, als für Jim der Arbeitstag zu Ende war, blieben alle Halter an der Wand, und das Problem tauchte nie wieder auf.

Anfangs glaubten die meisten Angestellten, auch ich, dass sich da jemand mit Jim einen Scherz erlaubte. Aber allmählich stellte sich anhand der Gespräche innerhalb des Personals heraus, dass dies nicht der Fall war.

Und noch etwas ist an diesem Tag interessant. Als Jim nach Beendigung seiner Arbeit vom Haus weg fuhr, sagte er, er hätte schwören können, dass er ein kleines Mädchen an einem Baum vorn an der Straße habe stehen sehen. Sie hatte gelacht und ihm zugewinkt, als er vorbeifuhr, aber als er in den Rückspiegel sah, war sie verschwunden.

Es ist nie herausgekommen, ob da jemand Jim einen Streich spielen oder ihn auf den Arm nehmen wollte. So viel aber will ich dazu sagen: Wenn es ein Streich oder so was war, dann war er sehr gelungen.

Vor einiger Zeit war ich mit meiner Assistentin Kathleen und meinen Freunden Dave Siemans und Nancy Richards in England, um mit ein paar Pferden zu arbeiten. In dieser Zeit wohnten wir in einer Kleinstadt namens Okehampton. Eines Abends gingen wir noch alle zusammen spazieren und kamen an dieses kleine Reitsportgeschäft. Die Leute drinnen sahen uns durchs Fenster spähen, und obwohl sie gerade zumachen wollten, luden sie uns ein, hereinzukommen und uns umzusehen.

Wir gingen alle in verschiedene Richtungen und sahen uns die diversen Artikel an, die uns interessierten. Nach kurzer Zeit war ich hinten im Laden angelangt und entdeckte ein paar Bücher, die neben einem Fenster ausgestellt waren. Ich war stehen geblieben, um mir die Titel anzusehen, als genau neben mir ein kleiner Kartenständer aus Kunststoff vom Fensterbrett herunterflog und knapp an meinem Bein vorbei zu Boden krachte.

Überrascht bückte ich mich, hob ihn auf und stellte ihn zurück.

»Ach, machen Sie sich nichts daraus«, sagte die Dame hinter der Verkaufstheke mit einem Lächeln. »Das passiert dauernd.«

Da, wo ich herkomme nicht, dachte ich.

Etwas später, standen wir alle zusammen vorn im Laden und unterhielten uns mit dem Verkaufspersonal über dies und das. Plötzlich flog der Kartenständer, den ich hinten im Laden zurück auf die Fensterbank gestellt hatte, wieder herunter und krachte zu Boden.

Alle schauten unwillkürlich sofort nach hinten, aber da war niemand.

»Och, das ist nur unser kleiner Kobold«, sagte eine der Damen. »Er ist ziemlich aktiv heute Nacht, nicht?«

»Tatsache«, lächelte die andere Dame.

In der Nacht, in einem alten Hotel um die Ecke vom Reitsportgeschäft, träumte ich, dass Kathleen, die das Zimmer neben mir hatte, an die Tür klopfte und mir erzählte, in ihrem Zimmer sei ein Gespenst.

Am nächsten Morgen, als wir unsere Vorbereitungen für den Kurstag trafen, sagte sie etwas sehr Interessantes.

»In meinem Zimmer steht so ein Wäscheschrank«, erklärte sie plötzlich ohne Zusammenhang. »Letzte Nacht habe ich mir eine Decke herausgenommen und die Tür fest zugemacht. Als ich heute Morgen wach wurde, war die Tür offen. Ist das nicht komisch?«

Vielleicht ...

Vor ein paar Jahren fuhr ich von Tennessee nach Maryland, um mit ein paar Pferden zu arbeiten. Da ich ein Fan von allem bin, was mit dem Bürgerkrieg zusammenhängt, hielt ich in Fredericksburg in Virginia an und ging ins Museum. Als ich wieder herauskam, schlenderte ich eine Straße in der Nähe hinunter und bemerkte nach einigen Metern, dass mein Schnürsenkel aufgegangen war.

Ich dachte mir weiter nichts dabei, beugte mich hinunter und band ihn fest. Dann ging ich weiter die Straße hinunter. Nach wenigen Metern sah ich hinunter und stellte fest, dass er schon wieder lose war. Wieder bückte ich mich, band ihn fest und ging weiter. Nach einiger Zeit kam ich an eine Ecke und sah, dass der Schnürsenkel schon wieder aufgegangen war.

Im Kopf machte ich mir eine Notiz, dieses Fabrikat von Schnürsenkeln nie wieder zu kaufen. Während ich mich hinkniete, um ihn wieder festzubinden, kam eine Touristengruppe über die Straße auf meine Seite. Eine ganze Anzahl Leute grinste, und einer, anscheinend der Guide, fragte, ob ich Probleme damit hätte, meine Schuhe zuzubinden.

»Ein bisschen«, antwortete ich, leicht verblüfft von dieser Frage. »Sie sehen also«, sagte der Führer und drehte sich zu seinen Schäflein um, »unser Geist ist auf beiden Straßenseiten tätig.«

Als die Gruppe an mir vorbeikam, schaute eine ältere Dame zu mir hinunter und lächelte.

»Er hat uns gerade von dem Geist erzählt, der auf dieser Straße unterwegs ist und den Leuten die Schuhbänder aufbindet«, berichtete sie aufgeregt. »Und ob Sie's glauben oder nicht, meinem Mann sind die Schuhbänder aufgegangen. Das ist doch was, oder?«

Na ja, wie ich schon sagte: Ich glaube nicht an Gespenster – hab' nie dran geglaubt. Aber eines muss ich sagen, in letzter Zeit sind hier Sachen passiert, da kann man schon manchmal ins Grübeln kommen. Aber was soll's – Grübeln hat noch nie jemandem geschadet.

Schlitten fahren mit General

Kommt ganz darauf an, was man daraus macht

Wie jeden Montagmorgen trafen wir, die Leiter der Lodge, der Gäste-Ranch und des Konferenzzentrums, in dem ich arbeitete, uns zur üblichen Besprechung, und es schien, dass wir ein Problem hatten.

Am nächsten Tag sollte eine größere Gruppe aktiver und pensionierter Militärs zu einer Konferenz eintreffen, die bis Sonntag dauern sollte. Das war nicht das Problem. Das Problem war ein Wintersturm, der für das Gebirge und speziell für unser Gebiet für Mittwoch vorhergesagt war. Das wäre an sich nicht so schlimm, denn bis dahin wären alle Teilnehmer an der Konferenz bereits eingetroffen – das heißt, alle außer dem Hauptredner. Ein Drei-Sterne-General aus Washington wurde erst am Donnerstagmorgen erwartet, und da konnte das Wetter mit Sicherheit zum Problem werden.

Bis Donnerstag wäre der Sturm laut Wettervorhersage in vollem Gange, mit eisigen Temperaturen und Schnee, der sich nicht mit einigen Zentimetern begnügen würde. Wenn so viel Schnee fallen würde, wie die Meteorologen voraussagten, wären die Straßen zu unserer Hochgebirgs-Lodge sehr schwierig zu befahren, wenn nicht überhaupt unpassierbar. Den General zu seiner Konferenz zu bringen sah nach einer nicht ganz einfachen Aufgabe aus.

Bei der Besprechung wurden verschiedene Ideen durchdiskutiert, aber nach eineinhalb Stunden waren wir nicht weiter, als dass wir noch einen Tag abwarten, die Wettervorhersage beobachten und sehen würden, wie schlimm der Sturm aller Voraussicht nach werden würde.

Der nächste Tag brachte gute und schlechte Nachrichten. Die schlechte Nachricht war, dass noch viel mehr Schnee vorausgesagt wurde als zuvor. Die gute Nachricht war, dass die Armee inzwischen einen Weg gefunden hatte, den General zur Konferenz zu bringen. Genauer gesagt, sie hatten einen Weg gefunden, ihn in die Nähe der Konferenz zu bringen. Der General sollte in einem Armeehubschrauber eingeflogen werden, der auf einer großen Wiese etwa eine Meile entfernt landen würde. Jetzt brauchten wir ihn nur noch dort abzuholen und zur Lodge zu bringen.

Wir hielten eine weitere Besprechung ab. Der augenfälligste Weg war, unseren Shuttle-Van zu dieser Wiese eines unserer Nachbarn zu fahren, den General einzuladen und zur Konferenz zu bringen. Sollten die Straßen, wie mit einiger Wahrscheinlichkeit anzunehmen, bis dahin unpassierbar sein, löste sich diese Option allerdings in Luft auf.

Jemand schlug vor, ihn mit einem unserer Schneemobile abzuholen, was eine Möglichkeit gewesen wäre – hätte sich der General nicht mit einem Stab von fünf bis acht Personen angesagt. Von unseren sechs Schneemobilen waren zur Zeit nur drei einsatzfähig, was bedeutete, dass wir mindestens drei, vielleicht vier oder sogar fünf Fahrten machen müssten, um alle abzuholen und samt Gepäck zur Lodge zu befördern. Einige müssten in Schnee und Kälte ausharren, während wir mit den anderen unterwegs waren. Bei Temperaturen, die erheblich unter dem Gefrierpunkt liegen sollten, verbot sich diese Idee von selbst.

Es gab noch ein paar weitere Vorschläge einschließlich dem, Schneeschuhe mitzunehmen und den General samt seinem Gefolge auf Schneeschuhen zur Lodge laufen zu lassen. Ich war bis dahin ziemlich still gewesen, aber als ich diesen Plan hörte, fand ich es an der Zeit, meine eigene Idee einzubringen, das Einzige, was meiner Meinung nach einen Sinn ergab.

»Warum fahre ich nicht einfach hin und lade sie alle in den Schlitten«, schlug ich vor.

Schweigen breitete sich aus, alle Köpfe wandten sich mir zu. Die Gesichter sagten mir, dass die anderen Leiter nicht gerade viel von meiner Idee hielten.

»Der Schlitten?«, sagte einer, fast mit so etwas wie Verachtung. »Du willst einen Drei-Sterne-General in den Schlitten setzen?«

»Warum nicht?«, sagte ich achselzuckend. »Es gehen zwölf Personen hinein – genug Platz für den General, seinen Stab und ihr Gepäck. Wir können genug Decken mitnehmen, dass wir sie alle von Kopf bis Fuß einwickeln und warm halten können.«

Die Blicke, die ich von den um den Tisch Versammelten einheimste, reichten von Ungläubigkeit bis zu milder Akzeptanz.

»Wir könnten sie alle mit einer Fahrt vom Heli abholen, anstatt mehrere Fahrten mit dem Schneemobil zu machen oder sie auf Schneeschuhen erfrieren zu lassen.«

Die Diskussion ging noch eine Weile weiter, und am Ende entschied der Manager, dass der Shuttle-Van die erste Option war. Unsere sehr entfernte zweite Option wäre, sie alle mit dem Schlitten abzuholen, aber dies nur, wenn sicher war, dass der Van unter gar keinen Umständen durchkommen würde.

Wie vorhergesagt fiel die Temperatur am Mittwochmorgen beträchtlich, und am Nachmittag begann es heftig zu schneien. Da ich wusste, dass ich den Schlitten vielleicht früh am nächsten Morgen brauchen würde, und da ich außerdem wusste, dass ich, falls ich nach Hause fuhr, am nächsten Tag vielleicht nicht mehr durchkommen würde, beschloss ich, in der Lodge zu übernachten. Ich stand um fünf Uhr dreißig auf, und tatsächlich tobte draußen einer der schlimmsten Schneestürme seit Jahren.

Es lag schon fast ein Meter Schnee und schneite immer weiter. Die Autobahnmeisterei hatte durchgegeben, dass die Straßen erst später am Morgen geräumt werden würden – wir mussten zu Plan B greifen, um den General abzuholen, und das hieß, dass ich mich an die Arbeit machen musste.

Ich ging in den Schuppen, ließ eines der Schneemobile an und begann den Schnee zu planieren, um einen Weg zu bahnen. Von der Lodge fuhr ich durchs Tor auf das Gebiet unseres Nachbarn, um eine kleine Baumgruppe herum und schließlich auf die große Wiese, auf der in vier Stunden der Hubschrauber landen sollte. Ich planierte die Spur so, dass sie breit genug für unsere massigen Kaltblüter war und die Schlittenkufen mehr als genug Platz hatten. Die nächsten eineinhalb Stunden fuhr ich wieder und wieder den Weg ab, denn es schneite ununterbrochen weiter. Als ich fertig war, hatte ich höchst effektiv eine Einbahnstraße von der Ranch bis zum Landeplatz planiert.

Dann fegte ich den Schnee vom Schlitten und ging die Pferde anschirren. Meine Assistentin Anne hatte ebenfalls in der Lodge übernachtet und das Gespann schon benahe fertig angeschirrt, als ich in den Stall kam. Wir führten das Gespann zum Schlitten, spannten es davor, luden unsere schweren (aber tragbaren) Holzstufen auf und fuhren den Schlitten probeweise hinüber zum Landeplatz.
Die Holzstufen dienten dazu, unseren Gästen bei den Schlittenfahrten das Einsteigen zu erleichtern, und diesen Zweck sollten sie auch bei dem General und seinen Leuten erfüllen. Wir ließen sie dort und würden sie später wieder abholen.

abzuholen, aber zu dieser Zeit waren die Straßen wieder so weit geräumt, dass wir unsere Gäste im Shuttle-Van hinbringen konnten.

Einige Wochen darauf kam ein offizieller Brief vom Stab des Generals, in dem sie sich für unsere Gastfreundschaft bedankten. Er wurde gerahmt und in der Haupthalle aufgehängt, zusammen mit einem vergrößerten Foto, das mich aufrecht auf dem Schlitten stehend zeigte, die Leinen in der Hand, und im Gespräch mit dem General, im Hintergrund der Helikopter.

Zwei Jahre später erhielt auch ich unerwartet Post. Mein Brief allerdings war vom General persönlich. Er entschuldigte sich, dass er nicht früher geschrieben hatte, und bedankte sich dann dafür, dass ich ihm vor zwei Jahren, an diesem schneereichen Tag im Februar, die Leinen überlassen hatte. Er schrieb, es habe ihn in die Kindheit zurückgebracht, damals, als er, seine Brüder und sein Vater lange Tage mit ihren Gespannen zugebracht hätten. Zum Abschluss wünschte er mir alles Gute, bedankte sich nochmals und schrieb, er hoffe, dass sich unsere Wege eines Tages noch einmal kreuzen würden.

Seither sind viele Jahre vergangen. Unsere Wege haben sich nicht mehr gekreuzt, aber ich sehe immer noch das Gesicht des Generals vor mir, als ich ihm die Leinen übergab. Ich denke daran, wie die Männer hinter ihm auf dem Schlitten ihn damals als Führer von kompromissloser Integrität, mit viel Mumm gesehen haben müssen, einer, der Tausende kommandiert und dessen Entschlüsse Schlachten und sogar Kriege entscheiden.

Ich dagegen sah etwas ganz anderes, als ich ihm damals im Schnee die Leinen übergab. Ich sah einen alten Gespannfahrer, jemanden, der immer mit Begeisterung die Leinen halten und dessen Lieblingsbeschäftigung es immer sein würde, ein richtig gutes Kaltblutgespann zu fahren.

Sadie und ihr Truck

Was man nie machen sollte: den Hut eines Cowboys anfassen, sein Pferd tätscheln oder mit seinem Hund herummachen

Sadie war einer der freundlichsten Hunde, die man sich überhaupt vorstellen konnte. Sie war etwa sechs Wochen alt, ein winziges schwarzes Fellknäuel, als sie zu uns kam. Eigentlich sollte sie Shady oder kurz Shade (Schatten) heißen, aber unsere Tochter Lindsey, damals zwei Jahre alt, konnte zu dieser Zeit noch kein »sch« aussprechen, und deshalb wurde aus Shady schnell Sadie.

Sadie war eine Mischung aus schwarzem Labrador und Springerspaniel und folgte mir, wohin ich auch ging. Als wir sie bekamen, arbeitete ich als Stallmeister auf der Gäste-Ranch. Sobald Sadie ihren Namen kannte und kam, wenn sie gerufen wurde, nahm ich sie immer öfter mit zur Arbeit, und sie wurde schnell zum Lieblingsmaskottchen aller Angestellten.

Sadie hielt sich zwar fast immer bei mir im Stall auf, aber als sie älter wurde, ging sie manchmal auch auf Entdeckungsreisen, die sie, nicht gerade überraschend, auch zur hinteren Küchentür führten. Allmählich fand sie heraus, dass sie zu bestimmten Zeiten »Chef«

John, unseren Koch, treffen konnte, der dann etwa eine Lieferung abnahm, den Abfall hinausbrachte oder einfach eine Pause einlegte.

Chef John sah genau so aus, wie ein Koch auszusehen hat. Er war sehr rundlich (was immer ein Zeichen für einen guten Koch ist), hatte einen langen, waagrechten Schnurrbart (dessen Enden er einwachste und über seinen Pausbacken spitz hochdrehte), und trug immer eine Kochmütze, eine weiße Jacke und eine Schürze (oft sogar, wenn er außer Dienst war).

Sadie liebte John. Nicht nur, weil er ein wirklich netter Kerl war und immer nach Essen roch, sondern auch, weil er nie versäumte, ihr einen Leckerbissen zukommen zu lassen, wenn sie auftauchte. Ich hatte ihn gebeten, sie nicht zu füttern, aber er war so weichherzig, dass er einfach nicht anders konnte. Infolgedessen konnte man die zwei immer wieder an der Hintertür sitzen sehen, wo Sadie genüsslich ein Stückchen Kotelett, Steak, Huhn, Fisch oder sonst etwas, was gerade zur Hand war, verspeiste.

Neben Kochen und Essen war Wetten, und zwar auf alles nur Erdenkliche, eines von Johns Hauptvergnügen. Und wenn ich auf alles sage, dann meine ich auch wirklich auf alles. Vermutlich wettete er wie viele andere Leute auch mit Kollegen auf den Ausgang von sportlichen Ereignissen oder auf die Geburt eines Babys. Aber Chef John brachte es auch fertig, mit einer Kellnerin darum zu wetten, ob ein bestimmter Kunde seinen Teller leer essen, wie lange jemand auf der Toilette brauchen oder wie viele Gläser Wein jemand zum Essen trinken würde.

Manchmal grenzten seine Wetten ans Exotische. Einmal spielte er zum Beispiel eine Runde Golf mit meinem Vater, meinem Bruder und mir, als mein Vater gerade zu Besuch in der Stadt war (so ziemlich das einzige Mal für mich, überhaupt jemals Golf zu spielen). Mein Vater war ein hervorragender Golfspieler (wie auch John), und logischerweise überredete John meinen Vater, auf jedes Loch fünf Dollar zu wetten. Zu Johns Pech hatte mein Vater gerade seinen Glückstag, und als wir das 18. Tee erreichten, hatte mein Vater dreizehn gewonnen und John nur vier. John schuldete meinem Vater 45 Dollar. Am letzten Loch schlug John vor, um doppelt oder nichts zu spielen – unter der Bedingung, dass sie vom Tee zum Grün mit ihren Puttern spielten.

Nun, sehr zu Johns Kummer brauchte mein Vater für das Loch vier Schläge, während John sieben brauchte. John stand zu seinem Wort, zahlte meinem Vater auf der Stelle die 90 Dollar, die er ihm schuldete, und lud uns dann alle zum Essen im Clubhaus ein. So war John eben.

Eines Abends fuhren Sadie und ich von der Lodge nach Hause, und als ich an der American Legion Hall vorbeikam, sah ich Chef Johns Wagen auf dem Parkplatz stehen. Ich beschloss, auf ein schnelles Bier anzuhalten und ihn zu fragen, was er so machte.

Ich fand John an der Bar, wo er mit einigen anderen Würfel spielte und im Fernsehen ein Fußballspiel ansah. Ich zog mir einen Barhocker heran, begrüßte diejenigen, die ich kannte, bestellte mir ein Bier und wollte mir ebenfalls eine Weile das Spiel ansehen, bevor ich endgültig nach Hause fuhr.

»Hey, Mark«, sagte John und wendete sich ab von seinem Würfelspiel. »Du hast nicht zufällig meine Jacke in deinem Truck gefunden? Ich glaube, ich habe sie da liegen lassen.«

Ich hatte John zur Garage mitgenommen, wo er seinen Wagen abholen wollte, und er hatte tatsächlich seine Jacke auf der Rückbank meines Trucks vergessen, eines Ein-Tonner-GMC-Pickup, dessen Rückbank fast ausschließlich von Sadie genutzt wurde.

»Ja, hab' ich«, nickte ich. »Sie liegt im Wagen. Ich hol' sie dir.«

»Schon gut«, sagte er und stand von seinem Hocker auf. »Ich wollte sowieso gerade gehen. Ich nehm' sie auf dem Weg zum Wagen mit.«

»Nö«, sagte ich und stand auf, ohne mein Bier angerührt zu haben. »Besser, ich hol' sie dir. Sadie ist im Wagen, und sie hat vielleicht was dagegen, dass du die Hand hineinsteckst.«

»Sadie?« John lächelte. »Wir sind gute Kumpel. Sie hat sicher nichts dagegen, dass ich meine Jacke hole.«

»Ehrlich gesagt, ich glaube, sie hat«, warnte ich.

»Nö, hat sie nicht«, sagte John und wandte sich zur Tür.

»John«, sagte ich mit genug Nachdruck, um ihn aufzuhalten. »Sie mag keine Fremden am Truck, wenn ich nicht da bin. Besser, ich gehe.«

»Machst du Witze?«, grinste er. »Sadie kennt mich. Ich füttere sie jeden Tag.«

»Das zählt nicht«, sagte ich nüchtern.

»Wetten, dass?«, grinste er wieder.

»Es zählt nicht.«

»Um wie viel wetten wir?« Aus der Hosentasche zog er eine Geldklammer mit diversen Scheinen.

»Warum wetten wir nicht darum, mit welcher Hand du hineingreifen wirst?«, sagte ich halb im Scherz, halb im Ernst.

»Nein, im Ernst«, sagte er und blätterte die Scheine durch. »Wie viel? Zehn Bucks vielleicht?«

»Wie wär's mit fünfzig?«, sagte ich schnell, in der Hoffnung, mein offensichtliches Selbstvertrauen zusammen mit dem größeren Betrag würde ihn dazu bringen, die Idee fallen zu lassen.

»Okay«, nickte er. »Fünfzig. Bin gleich zurück.«

Er drehte sich um und ging Richtung Tür.

»Halt, John, ich hab' nur Spaß gemacht«, sagte ich und ging ebenfalls Richtung Tür. »Sie lässt dich sicher nicht dran. Ich hol' dir die Jacke.«

»Nein«, sagte er und hielt die Hand hoch, um mich zu stoppen. »Eine Wette ist eine Wette.«

»Ich hab' nur Spaß gemacht«, flehte ich. »Sie lässt dich nicht dran. Ich will nicht, dass du dich verletzt.«

»Eine Wette ist eine Wette«, wiederholte er. Und war schon aus der Tür.

Ich zuckte die Achseln, ging zurück zu meinem Barhocker und setzte mich hin. Der Barkeeper, der die ganze Diskussion mitgehört hatte, kam zu mir herüber.

»Ich hab' zehn Dollar darauf gesetzt, dass er die Jacke rausholt«, sagte er.

»Okay«, sagte ich achselzuckend.

Eine Minute verging ... dann noch eine ... und noch eine. Schon waren fünf Minuten vergangen, dann zehn, dann fünfzehn. John war immer noch nicht zurück.

»Gehen Sie nachschauen?«, fragte der Barkeeper.

»Ich geb' ihm noch ein paar Minuten.«

Weitere fünf Minuten vergingen, und ich fand es langsam an der Zeit nachzusehen, ob an John noch alles dran war. Ich trank mein Bier aus, rutschte vom Hocker und ging nach draußen. Was ich dort vorfand, war das Lustigste, was ich in meinem Leben gesehen hatte. Da lag John bäuchlings auf dem Wagendach, alle vier Wagentüren offen, und Sadie saß still auf der Rückbank, mitten auf Johns Jacke.

Vorsichtig rutschte John zu einer Seite und versuchte, ganz langsam seine Hand in den hinteren Wagenteil zu stecken. Kaum waren seine Finger für Sadie auch nur halbwegs sichtbar, ließ sie eine Serie von höchst gefährlich klingenden Bell- und Knurrlauten los, wie ich sie von ihr noch nie gehört hatte. Mit der Geschwindigkeit einer zustoßenden Klapperschlange zog John seine Finger zurück und versuchte es dann mit derselben Technik auf der anderen Wagenseite, mit demselben Ergebnis.

Nachdem Sadie alles unter Kontrolle zu haben schien, ging ich zurück in die Bar. Weitere zwanzig Minuten vergingen, bevor John schließlich zurückkam – ohne Jacke. Im Gehen schälte er fünf Zehn-Dollar-Scheine von seiner Geldklammer.

»Ich muss nach Hause«, sagte er, eine Spur von Niederlage in der Stimme. »Holst du mir meine Jacke?«

Brüllendes Gelächter in der ganzen Bar, als er fünfzig Dollar vor mich hinlegte.

»Teufel auch, John«, sagte der Barkeeper und klatschte einen weiteren Zehn-Dollar-Schein vor mich hin. »Ich habe selbst zehn Dollar auf dich gewettet.«

»Das kann ich dir sagen«, schäumte John. »Der habe ich zum letzten Mal was aus meiner Küche gegeben!«

John und ich gingen zusammen zum Truck. Die Türen standen immer noch weit offen, und Sadie saß triumphierend auf Johns Jacke. Als wir an den Wagen kamen, stand Sadie auf, wedelte mit dem Schwanz und ließ John in den Wagen greifen und seine Jacke herausholen. Sadie ging zu ihm hinüber und begann ihm das Gesicht abzulecken, als ob sie sagen wollte: Nichts Persönliches, John, ich hab' nur meine Arbeit gemacht.

In dieser Nacht machten Sadie und ich etwas, was wir nie zuvor gemacht hatten: Wir gingen in so ein Fast-Food-Restaurant und verdrückten jeder einen Hamburger, bezahlt von dem Geld, das Sadie bei meiner ersten und einzigen Wette mit Chef John für mich gewonnen hatte.

Und wie ging's weiter mit Sadie und John? Na ja, soweit ich weiß, gab John sich die größte Mühe, sie nicht mehr zu füttern, wenn sie sich an seiner Hintertür einfand. Im Endeffekt trugen Sadies große braune Augen den Sieg über Johns weiches Herz davon, und es dauerte nicht lange, bis die beiden wieder einträchtig Seite an Seite hinter der Küche saßen und John ihr Häppchen verfütterte.

Eine Folge dieser Episode war, dass sich Johns Missgeschick derartig schnell herumsprach, dass ich meinen Pickup nie mehr abzuschließen brauchte, solange Sadie darin saß. Oder vielleicht sollte ich eher sagen: Ich brauchte die Türen zu Sadies Truck nie mehr abzuschließen.

Tylers erster Trainingsjob

Nur wer sich selbst im Griff hat,
bekommt auch sein Pferd in den Griff

Der Morgen auf unserer Gäste-Ranch begann gewöhnlich etwa um sechs Uhr dreißig. Für mich hieß dies, dass ich mein Pferd Buck holte und in den Wald ritt, wo unsere Pferde über Nacht auf der Weide gewesen waren. Buck und ich trieben die Herde zusammen und brachten sie in den Pferch neben dem Stall. Von dort ließen wir sie zum Frühstücken in den Stall, putzten und sattelten sie und banden sie an den Anbindestangen fest, wo sie auf ihren Einsatz für die Ausritte warteten.

Ungefähr um acht Uhr war es Aufgabe meines Sohnes Tyler, das Pony aus seinem Paddock zu holen, es in den Stall zu führen und dort anzubinden. Es wurde peinlichst genau mit Striegel und Bürste geputzt und mit aller Sorgfalt für sein tägliches Vollzeitprogramm für Ponyritte gesattelt.

Das klingt vielleicht nicht nach besonders viel Arbeit, und aufs Ganze gesehen war es das wahrscheinlich auch nicht. Aber mit seinen sieben Jahren nahm Tyler seine Aufgabe sehr ernst. Und warum auch nicht? Bis vor kurzem war die Arbeit von Mandy, einer unserer Sommeraushilfen, besorgt worden, und sie war drei Mal so alt wie Tyler.

Tyler hatte schon immer starkes Interesse an allem gezeigt, was im Stall vorging, und an einem frühen Morgen erschien er einfach in seinem übergroßen Cowboyhut, den Stiefeln, Rädchensporen und Jeans und begleitete Mandy überallhin, während sie das Pony fertig machte. Nach einiger Zeit fragte er Mandy, ob er das Pony in den Stall führen dürfe, und das tat er dann, mit Mandys Erlaubnis und unter ihrer Aufsicht. Dann begann er, das Pony mit Mandy zusammen zu putzen, und übernahm schließlich das Satteln. Es dauerte nicht lang, und er hatte den Job komplett übernommen. Zwei oder drei Wochen blieb Mandy noch bei ihm, während er tagein, tagaus seine Aufgabe erfüllte, aber es war bald klar, dass er nicht viel Aufsicht brauchte. In kürzester Zeit erledigte er den Job ganz allein.

Tyler wurde sehr wachsam in allem, was »sein« Pony betraf, und allmählich weitete er seine Aufgaben noch um einen Schritt aus. Wenn jemand in den Stall kam und nach einem Ponyritt fragte, stand immer Tyler bei dem Pony und passte auf, dass das jeweilige Kind wartete, bis einer unserer Cowboys dazu kam. Wenn dieser das Kind dann auf dem Pony herumführte, ging Tyler mit und gab dem Kind im Sattel oft Tipps, was die Feinheiten eines Ritts auf einem so guten Pony wie dem seinen betraf.

Eines Morgens führte Tyler das Pony nach der Morgenfütterung aus seinem Paddock. Ich war gerade dabei, den Traktor anzulassen, um den Reitplatz glatt zu ziehen. Der Traktor stand ein paar Meter neben dem Weg, auf dem Tyler herankam, und wie der Zufall es wollte, gingen die beiden gerade an mir vorbei, als ich die alte Maschine anließ.

Normalerweise kam der Motor nach ein paar Umdrehungen ruhig und ohne großes Getöse in Gang, aber gerade an diesem Tag gab es eine höchst uncharakteristische und äußerst geräuschvolle

Fehlzündung, gerade als Tyler und das Pony vorbeikamen. Wie zu erwarten, scheute das Pony vor dem Krach, und weil Tyler den Führstrick nicht sehr fest in der Hand hatte (weil es selten vonnöten war), konnte das Pony sich losreißen.

Es lief nicht sehr weit, nur bis zum Stall, wo es stehen blieb und darauf wartete, wieder eingefangen zu werden. Aber offensichtlich war es Tyler sehr peinlich, dass er das Pony losgelassen hatte. Einer der Cowboys fing das Pony ein und übergab es wieder an Tyler, und ich muss gestehen, dass es mich sehr überraschte, was dann geschah.

Vorher sollte ich vielleicht erklären, dass ich auf der Ranch unter anderem zwei Mal die Woche Mini-Seminare für die Gäste gab. Sie dauerten etwa eine Stunde und behandelten Themen wie grundsätzliche Problemlösungen und manchmal auch das Anreiten von jungen Pferden.

Diese Seminare gab es seit ungefähr zwei Jahren, und Tyler hatte, glaube ich, nicht mehr als zwei oder drei davon verpasst. Gewöhnlich saß er entweder auf einer Bank und sah zu, oder er saß auf der Erde und spielte still für sich. So klein wie er damals war, hatte ich nie erwartet, dass er dem, was ich tat, besonders viel Aufmerksamkeit schenkte.

Nun, zufällig waren an dem Tag, als der Traktor die Fehlzündung hatte, keine Ponyritte gebucht (was Tyler nie davon abhielt, das Pony trotzdem zu satteln). Aber statt das Pony wie üblich zu satteln, führte Tyler es zum Round Pen und fing damit an, es anzureiten.

Natürlich war das Pony insofern angeritten, als schon viele Male jemand im Sattel gesessen hatte, während es von jemand anderem herumgeführt wurde. Aber es war nie nur geritten worden, ohne dass es jemand geführt hätte. Und das wollte Tyler nun offensichtlich ändern.

Der Round Pen war gute hundert Meter vom Stall entfernt, mitten auf einer großen Wiese. Ich bin sicher, Tyler dachte, das Pony und er wären allein und unbeobachtet. Das war aber nicht der Fall. Während der nächsten paar Stunden schaute ich immer wieder einmal durch eines der Stallfenster und beobachtete, wie er mit dem Pony arbeitete.

Anfangs machte es einfach Spaß, den beiden zuzusehen. Aber allmählich wurde klar, dass es Tyler absolut ernst war mit dem, was er tat. Außerdem war es für mich sehr interessant, dass er einige der Schritte und Ideen einsetzte, die ich bei meinen Mini-Seminaren verwendete – Sie wissen schon, die Mini-Seminare, von denen ich geglaubt hatte, dass er ihnen kaum Aufmerksamkeit schenkte.

Er begann damit, dem Pony beizubringen, dass es sich ihm zuwandte, wenn er den Round Pen betrat. Er hatte unzählige Male dabei zugesehen, wie ich das bei neu gekauften Pferden praktizierte, wenn sie sich schwer einfangen ließen. Dabei ging es einfach darum, dass das Pferd sich umwenden und den Menschen ansehen sollte, sobald jemand hinter oder neben ihm stand. Es war eine ganz stressarme Art, einem Pferd die Grundsätze des Einfangens beizubringen, und Tyler hatte augenscheinlich gut aufgepasst, denn er brauchte keine fünfzehn Minuten, bis das Pony begriffen hatte und sich ihm zuwandte.

Als das klappte, ging er dazu über, es ein wenig zu longieren. Danach holte er den Sattel und die Satteldecke aus dem Stall, ging zurück zum Round Pen und sattelte das Pony so, wie er es von mir bei jungen Pferden gesehen hatte – ganz langsam und methodisch.

Jeder Schritt wurde mehrfach wiederholt und dann kam er hoch und holte die kleine Ponytrense, die er noch nie verwendet hatte. Er ging zurück zum Round Pen und schob dem Pony zuerst mehrmals vorsichtig den Führstrick ins Maul, als Vorgeschmack auf die Trense. Dann ließ er das Gebissstück vorsichtig ein paar Mal ins Maul und wieder herausgleiten. Schließlich trenste er das Pony auf, genau so, wie er es bei mir so oft mit jungen Pferden gesehen hatte.

Nun führte Tyler das Pony, gesattelt und aufgetrenst, zwei oder drei Runden herum. Das machte ich bei jungen Pferden oft, bevor ich mich in den Sattel setzte, und auch das musste er aufgeschnappt haben. Danach führte er das Pony in die Mitte des Round Pen, hielt an und zog am Steigbügel. Auch dies machte ich mit jungen Pferden, damit sie ihre Füße unter sich behielten und nicht das Gleichgewicht verloren, wenn der Reiter erstmals den Bügel belastete.

Dann stellte Tyler einen Fuß in den Bügel und stand ein paar Mal auf, ohne das andere Bein über den Rücken zu schwingen. Nach ein paar Minuten trat er in den Steigbügel, legte sich mit dem Oberkörper über den Sattel, wackelte mit der Hand am rechten Steigbügel und klopfte ein paar Mal an den Sattel – wieder lauter Dinge, die ich üblicherweise bei jungen Pferden machte.

Schließlich trat Tyler in den Bügel, schwang das andere Bein über den Pferderücken und blieb ein paar Sekunden ruhig im Sattel sitzen, bevor er wieder absaß. Das machte ich gewöhnlich, um den jungen Pferden zu zeigen, dass ich zwar mal auf ihrem Rücken saß, aber nicht vorhatte, auf ewig dort zu bleiben. Offenbar hatte sich Tyler auch dies gemerkt. Er wiederholte den Vorgang drei oder vier Mal, stieg dann endgültig auf, setzte sich im Sattel zurecht und trieb das kleine Pony vorwärts.

Ich bin sicher, das Pony hatte anfangs keine Ahnung, was Tyler von ihm wollte. Schließlich war es bis dahin immer geführt worden. Aber Tyler trieb den kleinen Burschen sanft immer wieder an, und es dauerte nicht lang, bis das Pony antrat und ruhig im Schritt im Round Pen umherging. Anfangs gab Tyler ihm kaum Zügelhilfen, sondern ließ den Kleinen einfach herumwandern. Allmählich jedoch nahm er die Zügel auf und begann, das Pony zu lenken. Nach kurzer Zeit konnte er das Pony schon ziemlich gut antreten, halten, wenden und rückwärts gehen lassen. Und an diesem Punkt beschloss er wohl, dass sie sich beide eine Pause verdient hätten.

Er saß ab, streichelte dem Pony ausgiebig den Kopf, sattelte es ab und führte es zurück in den Stall.

»Was machst'n da, Ty?«, fragte ich, als er mit dem Pony um die Ecke kam.

»Bisschen arbeiten mit dem Pony«, sagte er lässig. »Aber jetzt machen wir mal Pause. Wir brauchen was zu trinken.«

Er führte das Pony zur Tränke und ließ es sich satt trinken. Dann band er es an seinem üblichen Platz an und holte sich aus dem kleinen Kühlschrank, den wir im Stall stehen hatten, eine Dose Sprite. Den Hut in den Nacken geschoben, nahm er einen langen Schluck aus der Dose. Er wischte sich den Mund mit dem Hemdärmel und gab einen leisen Rülpser von sich.

»Also«, sagte ich, in der Hoffnung, irgendwann zu begreifen, warum er sich diese ganze Arbeit machte. »Wie geht's denn so mit ihm da unten?«

»Ganz gut.« Wieder nahm er einen langen Schluck. »Bis zum Mittag haben wir's wahrscheinlich geschafft.« Er wischte sich mit dem Ärmel über den Mund.

Genau in diesem Moment läutete das Telefon. Jemand wollte sich für einen der Vormittagsausritte anmelden, und während ich den Namen aufschrieb, trank Tyler sein Sprite aus, rülpste noch einmal und ging wieder an die Arbeit.

Den Rest des Vormittags war ich so beschäftigt, dass ich seine Fortschritte nicht weiter verfolgen konnte, aber die Cowboys behielten ihn soweit möglich für mich im Auge. Ungefähr eine halbe Stunde vor dem Mittagessen brachte Tyler das Pony vom Round Pen herauf auf den Reitplatz, stieg auf und ritt mit dem Pony auf dem Platz herum, meist im Schritt, von Zeit zu Zeit aber auch im Trab. Das Pony wendete gehorsam, ließ sich ohne größere Mühe durchparieren und ging recht passabel rückwärts. Gerade als Tyler seinen Ritt beendete, läutete die Glocke vom Essraum und rief uns zum Mittagessen.

Tyler trenste das Pony ab, halfterte es auf, lockerte den Sattelgurt und band es an seinem gewohnten Platz an. Die Cowboys und ich beendeten unsere Morgenarbeit und gingen, zusammen mit Tyler, zum Essen.

Wir holten uns unsere Hamburger und Fritten von der Theke und gingen in den Essraum. Tyler und ich saßen nebeneinander, und weil sein Burger zu groß für seinen Mund war, bat er mich, ihn für ihn durchzuschneiden. Offensichtlich kurz vor dem Verhungern packte er einen halben Burger und biss kräftig hinein.

»Also«, sagte ich, während er kaute, »ging's gut heute Morgen mit dem Pony?«

Er nickte, hatte den Mund aber so voll, dass er sich nicht zu reden traute.

»Sah aus, als hättest du da einen ziemlich guten Job gemacht«, kommentierte ich und nahm einen großen Bissen von meinem Hamburger.

Tyler schluckte.

»Jep«, sagte er. »Er macht sich ganz gut.« Wieder ein Biss in den Burger.

Ich war echt beeindruckt von seiner Arbeit mit dem Pony. Er war kurz und bündig gewesen, klar und gründlich, und hatte das kleine Pony tatsächlich richtig angeritten. Was ich nicht um alles in der Welt verstand, war, warum er das gemacht hatte.

Bis dahin hatte Tylers Hauptinteresse seinem »Job« gegolten, dem Satteln und Fertigmachen für die Ponyritte. Geritten hatte er das Pony nicht. Tatsächlich hatte Tyler außer an dem ersten Tag, als ich das Pony brachte, nie gefragt, ob er es reiten könne. Er hatte lieber größere Pferde geritten, deshalb wunderte es mich so, dass er sich so ausgiebig mit ihm abgegeben und außerdem so überaus genau vorgegangen war.

»Machst du nach dem Essen weiter mit dem Pony?«, fragte ich.

»Weiß noch nicht«, antwortete er, zog die letzte Fritte durch die Ketchup-Pfütze auf seinem Teller und schob sie sich in den Mund.

»Ich glaube, heute Nachmittag geh' ich lieber schwimmen mit meinen neuen Freunden.«

»Ich denke, das ist okay«, nickte ich. »Du hast heute Morgen viel getan.«

»Yeah«, stimmte er zu. »Aber jetzt geht's ihm viel besser.«

»Wie – besser?«

»Yeah«, sagte er, trank einen Schluck Milch und wischte sich mit dem Hemdärmel den Mund ab. »Jetzt ist er so wie deine Pferde.«

»Wie meinst du das?«

»Deine Pferde laufen nicht weg, wenn es irgendwo kracht«, sagte er, schob seinen Stuhl zurück und nahm seinen Teller auf. »Aber mit dem Pony hast du nicht gearbeitet. Ich will nicht, dass er so wegrennt wie heute Morgen, deshalb habe ich mit ihm so trainiert, wie du es machst. Jetzt macht er das nicht mehr.«

Er drehte sich um und ging zurück zur Küche, wo er seinen Teller abstellte.

»Bis später, Dad«, sagte er im Weggehen. »Ich geh' jetzt schwimmen.«

Im Laufe der Jahre habe ich viel über diesen Tag nachgedacht und darüber, wie leicht es Tyler fiel, eine einfache Idee in die Realität umzusetzen. In seinen Augen besaßen die Pferde auf der Ranch eine gewisse Qualität. Ein Gutteil dieser Qualität beruhte nach seinem Verständnis darauf, dass sie auf irgendwelchen Lärm hin nicht scheuten. Das aber tat das einzige Pferd, für das er verantwortlich war, und das ging einfach nicht.

Anstatt sich darüber den Kopf zu zerbrechen, sich einen Stress daraus zu machen oder sich darüber zu ärgern, machte er etwas, was uns Erwachsenen oft schwer genug fällt: Er brachte es nach bestem

Wissen und Gewissen in Ordnung. Und nicht nur das. Als es in Ordnung war, ging er zum nächstwichtigen Punkt seiner Tagesordnung über – er ging mit seinen Freunden schwimmen.

Ich muss oft grinsen, wenn ich daran denke, was Tyler mir damals für eine wichtige Lektion verpasste, eine Lektion, die ich nie vergessen habe.

In einfachen Worten: Bring in Ordnung, was nicht in Ordnung ist – und dann geh' schwimmen.

Der Autor

Mark Rashid, Autor von sechs Bestsellern zum Thema Pferdetraining, hat mit Pferden gearbeitet, seit er zehn Jahre alt war. Seine Artikel zum Thema Problemlösungen, und zwar vom Standpunkt des Pferdes aus gesehen, wurden in den Magazinen Western Horsemen und Western Horse veröffentlicht. Seine erfolgreichen Seminare führen ihn quer durch die Vereinigten Staaten und Europa. Er lebt in der Nähe von Estes Park, Colorado.

Zum Weiterlesen

Aguilar, Alfonso/Roth-Leckebusch, Petra: **Wie Pferde lernen wollen.** Bodenarbeit, Erziehung und Reiten. KOSMOS 2012

Der Mexikaner Alfonso Aguilar ist bekannt für seine einfühlsame Art, Pferde zu trainieren. Er zeigt anhand vieler praktischer Übungen, wie Pferde in ihrem Wesen begriffen und gefördert werden können.

Bayley, Lesley: **Trainingsbuch Bodenarbeit.** Die Methoden und Übungen der besten Pferdeausbilder. KOSMOS 2006

Bodenarbeit fördert das Körpergefühl, dient der Gymnastizierung und ist eine ideale Ergänzung zum Reiten. Hier sind die Methoden der bekanntesten Ausbilder erstmalig in einem Buch beschrieben.

Behling, Silke: **Pferderassen.** Die 100 bekanntesten Pferderassen. KOSMOS 2010

Ein praktisches und kompaktes Nachschlagewerk. 106 Pferderassen, vorgestellt in informativen Texten und mit vielen Farbfotos.

Bender, Ingolf (Hrsg.): **Kosmos-Handbuch Pferd.** Reiten, Fahren, Haltung, Zucht, Gesundheit. KOSMOS 2012

Ein Nachschlagewerk für Amateure und Profis aus Expertenhand – umfassend, aktuell und wissenschaftlich fundiert, dazu aber praktisch und klar verständlich wird dem Leser modernes Wissen rund um Pferde und den Reitsport vermittelt.

Binder, Sibylle L./Behling, Silke: **Der richtige Umgang mit Pferden.** KOSMOS 2010

„Was denkt mein Pferd" und „Wie erziehe ich mein Pferd" im Doppelband. Über 300 Farbfotos und prägnante, kurze Texte erklären, wie sich Pferde verhalten, wie man sie richtig versteht.

Brannaman, Buck: **Pferde, mein Leben.** Vom Lassokünstler zum Pferdeflüsterer. KOSMOS 2009

Buck Brannaman, einer der gefragtesten Pferdeflüsterer der USA, erzählt seine bewegende Lebensgeschichte. Erfahren Sie, wie er durch die Hilfe der Pferde lernte, seine durch Gewalt und Angst geprägte Kindheit zu verarbeiten und eine neue Sicht auf das Leben zu gewinnen.

Brannaman, Buck/Reynolds, William: **Vertraue dem Pferd.** KOSMOS 2011

Buck Brannaman nimmt den Leser in seine persönlichen Erlebnisse mit Menschen und Pferden hinein. Mit einfühlsamen Worten leitet er jedes seiner Erlebnisse mit zwölf Pferd-Reiter-Paaren ein und lässt danach die Reiter zu Wort kommen.

Bührer-Lucke, Gisa: **Expedition Pferdekörper.** KOSMOS 2010
In den Tiefen des Pferdekörpers gibt es so manches Wunder zu entdecken. Die Autorin erklärt anschaulich die Abläufe und Funktionsweisen im gesunden Pferdekörper, zeigt aber auch, was bei typischen Erkrankungen im Pferd vor sich geht.

Eschbach, Andrea und Markus: **Reiten so frei wie möglich.** KOSMOS 2010
Die erfahrenen Pferdetrainer Andrea und Markus Eschbach zeigen in diesem Ratgeber den praktischen und sicheren Weg zum Reiten mit mehr Freiheit. Sie stellen verschiedenes Zaumzeug, das Reiten mit Halsring und ohne Sattel vor.

GaWaNi Pony Boy: **Horse, Follow Closely.** Indianisches Pferdetraining – Gedanken und Übungen. KOSMOS 2010
Sonderausgabe mit DVD. Ein Buch, das den Traum vieler Reiter beschreibt: eins zu sein mit dem Pferd. Lesen und genießen Sie diesen Traum!

Haller, Martin: **Der neue Kosmos-Pferdeführer.** Mit allen Pferde- und Ponyrassen der Welt. KOSMOS 2011
Der Pferderassen-Klassiker in aktualisierter Form! Erfahren Sie Wissenswertes rund um Herkunft, Charakter und Körperbau von über 250 Pferderassen aus aller Welt. Ein umfassender Überblick mit ausgezeichneten Bildern zu jeder Rasse.

Higgins, Gillian mit Stefanie Martin: **Anatomie verstehen – besser reiten**, Bewegungsabläufe sichtbar gemacht. KOSMOS 2010
Die Veränderungen bei der Bewegung an Skelett und Muskelapparat werden durch Zeichnungen direkt auf dem Pferd sichtbar gemacht.

Hubert, Marie-Luce; Klein, Jean-Louis: **Mustangs, Pferde in Freiheit.** KOSMOS 2009
Wunderschöne Aufnahmen preisgekrönter Fotografen nehmen Sie mit zu den letzten Wildpferden Amerikas. Die Autoren begleiteten die Pferde über fünf Jahre.

Kreinberg, Peter: **Trainingsbuch Westernreiten.** KOSMOS 2012
Der erfahrene Westerntrainer Peter Kreinberg beschreibt die Pferdeausbildung, den Weg zu einem einfühlsamen Sitz, zu richtiger Hilfengebung sowie die Korrektur typischer Reiterfehler. Mit hilfreichen Tipps und sinnvollen Übungen für Ein- und Umsteiger.

Kreinberg, Peter: **Der Freizeitreiterkurs.** Grundausbildung für entspanntes Reiten. KOSMOS 2005
Wem Spaß am Reiten und der Umgang mit dem Pferd wichtiger sind als Turniererfolge, der bekommt mit diesem Buch die Grundlagen für ein entspanntes und sicheres Reiten.

Kreinberg, Peter: **The Gentle Touch®.** Die Methode für anspruchsvolles Freizeitreiten. KOSMOS 2007
Dieses Buch gibt Aufschluss über Hintergründe und Grundlagen seiner erfolgreichen Gentle-Touch®-Methode und beschreibt Schritt für Schritt den Weg zur Harmonie beim Reiten.

Kreinberg, Peter: **Peter Kreinbergs Bodenschule.** The Gentle Touch®-Übungen für mehr Gelassenheit. KOSMOS 2009
Die wichtigsten Bodenarbeitsübungen nach der The Gentle Touch®-Methode mit Schritt-für-Schritt-Rezepten. Eine Fundgrube für alle, die ihr Pferd einfach, effektiv und pferdefreundlich ausbilden wollen.

Lyons, John: **Grunderziehung für Fohlen.** Die 20 wichtigsten Übungen Schritt für Schritt. KOSMOS 2004
Fohlen brauchen von klein auf eine sichere und konsequente Führung, um zu gelassenen und zuverlässigen Reitpferden heranzuwachsen. Erfolgstrainer John Lyons zeigt in 20 Übungen Schritt für Schritt, was jedes Fohlen hierfür lernen sollte.

Penquitt, Claus: **Die neue Freizeitreiter-Akademie.** Reiten nach altklassischen, altkalifornischen und iberischen Vorbildern. KOSMOS 2001
Eine Reitlehre anderer, besonderer Art, schonend für Reiter und Pferd, stellt hier Claus Penquitt, Ex-Europameister im Westernreiten, in Wort und Bild vor.

Penquitt, Nathalie: **Meine Pferdeschule.** Zauber der Verständigung, erweiterte Neuausgabe. KOSMOS 2010
Die aktualisierte und erweiterte Neuausgabe des Klassikers. Praktische Schritt-für-Schritt-Anleitung, Pferde an der Hand auszubilden und zu trainieren, mit Aufzeigen möglicher Fehler. So lernen Pferde Bodenarbeit und Zirkuslektionen leicht und locker.

Rashid, Mark: **Denn Pferde lügen nicht.** Neue Wege zu einer vertrauten Mensch-Pferd-Beziehung. KOSMOS 2012
Als einer der bekanntesten und erfahrensten Pferdeausbilder Nordamerikas, setzt Mark Rashid in seiner Arbeit mit Pferden auf Respekt und Vertrauen anstelle von absoluter Dominanz.

Rashid, Mark: **Der auf die Pferde hört.** Erfahrungen eines Horseman aus Colorado. KOSMOS, 2006
Sensibel, humorvoll und mit überraschenden Einsichten schildert Mark Rashid in vielen Erlebnissen und Fallbeispielen seinen ganz persönlichen Weg mit seinen Lehrmeistern, den Pferden.

Rashid, Mark: **Der von den Pferden lernt.** Ein Horseman, der zum Schüler seines Pferdes wird. KOSMOS 2007
Einfühlsam erzählt der Pferdetrainer, wie er durch sein Ranchpferd Buck einen anderen Blickwinkel für den Umgang mit Mensch und Tier und dem eigenen Leben bekam.

Rashid, Mark: **Ein Leben für die Pferde.** KOSMOS 2009
Pferden und Menschen zu einer besseren Partnerschaft zu verhelfen ist das Anliegen Rashids. Dieses Buch verbindet ausdrucksstarke Bilder mit fachkundigen und doch sehr persönlichen Texten von Mark Rashid und der Fotografin Kathleen Lindley.

Rashid, Mark: **Pferde suchen einen Freund,** ...denn Pferde suchen Sicherheit. KOSMOS 2010
In diesem Buch erzählt Pferdetrainer Mark Rashid, wie er nach einem Sturz vom Pferd mit Hilfe der Lehren seines alten Pferdemannes lernt, die Energie des Pferdes aufzunehmen, sie mit der eigenen zu verschmelzen und so zum inneren Gleichgewicht zurückzufinden.

Rashid, Mark: **Dein Pferd – dein Partner.** Wahrnehmen, leiten, vertrauen. KOSMOS 2010
Der bekannte Horseman öffnet die Augen für die Denkweise der Pferde und kommt dabei zu überraschenden Einsichten und manchmal verblüffend einfachen Lösungswegen.

Resnick, Carolyn: **Tochter der Mustangs.** Mein Leben unter Wildpferden. KOSMOS 2012
Bewegende Erlebnisse einer Frau, die das Vertrauen einer Wildpferdeherde erlangt. Dieses Buch stillt die Sehnsucht nach tiefer Verbundenheit mit den Pferden und zeigt einen Weg, sich partnerschaftlich mit ihnen auszutauschen.

Schmid, Andrea: **Westernreiten.** KOSMOS 2009
Eine gute Ausbildung von Pferd und Reiter sind die nötige Grundlage, um Spin, Stopp und andere Lektionen des Westernreitens erlernen zu können. Mit Hilfe dieses Ratgebers können Sie eine solche Basis erschaffen.

Schöning, Dr. Barbara: **Pferdeverhalten.** Körpersprache und Kommunikation, Probleme lösen und vermeiden. KOSMOS 2008
Diese moderne Verhaltenslehre ist auf dem neuesten Stand der Forschung. Sie erklärt wissenschaftlich fundiert und für jedermann verständlich, wie und warum Pferde ein bestimmtes Verhalten zeigen und welche Konsequenzen dies für einen artgerechten Umgang hat.

Steen, Carola: **Westernreiten leicht gemacht.** Europameisterin Andrea Schmid zeigt wie's geht. KOSMOS 2004
Neben den praktischen Grundlagen wie Reitersitz und Reiterhilfen werden in diesem Buch auch alle typischen Anfängerfragen zur reiterlichen Ausbildung, Stallauswahl und Kleidung beantwortet.

Linda Tellington-Jones/Bobby Lieberman: **Tellington Training für Pferde.** KOSMOS, 2007
Ein Lehr- und Praxisbuch, in dem die Autorin neue Ausbildungswege an schwierigen und verstörten Pferden darstellt. Hierbei bringt sie ihre jahrzehntelange Erfahrung ein, um eine harmonische Bindung zwischen Mensch und Pferd zu schaffen.

Aus dem Amerikanischen übersetzt von Sigrid Eicher.
Titel der Originalausgabe: „Big Horses, Good Dogs & Straight Fences“
erschienen bei Johnson Printing, Boulder, Colorado.

Umschlaggestaltung von eStudio Calamar unter Verwendung von 2 Farbfotos von John Pitcher/IStockphoto.com (Umschlagvorderseite) und Kathleen Lindley (Umschlagrückseite).

Unser gesamtes lieferbares Programm und viele weitere Informationen zu unseren Büchern, Spielen, Experimentierkästen, DVDs, Autoren und Aktivitäten finden Sie unter **kosmos.de**

FSC
www.fsc.org
The mark of responsible forestry
FSC® C017859

Gedruckt auf chlorfrei gebleichtem Papier

Für die deutschsprachige Ausgabe:

ISBN 978-3-440-11753-8
Redaktion: Gudrun Braun, Hamburg
Produktion: Nina Renz
Printed in The Czech Republic/Imprimé en République Tchèque